AF452079

ENCYCLOPÉDIE

POPULAIRE,

OU

LES SCIENCES, LES ARTS

ET LES MÉTIERS,

MIS À LA PORTÉE DE TOUTES LES CLASSES

L'instruction mène à la fortune
et conduit au bonheur.

Les contrefacteurs seront poursuivis selon toute la rigueur de la loi.

Extrait du Code pénal.

Art. 425. Toute édition d'écrits, de composition musicale, de dessin, de peinture ou de toute autre production, imprimée ou gravée EN ENTIER OU EN PARTIE, au mépris des lois et réglemens relatifs à la propriété des auteurs, est une contrefaçon, et toute contrefaçon est un délit.

Art. 427. La peine contre le contrefacteur, ou contre l'introducteur, sera une amende de cent francs au moins et de deux mille francs au plus, et contre le débitant, une amende de vingt-cinq francs au moins et de cinq cents fr. au plus.

La confiscation de l'édition contrefaite sera prononcée, tant contre le contrefacteur que contre l'introducteur et le débitant.

Les planches, moules ou matrices des objets contrefaits seront aussi confisqués.

GÉOMÉTRIE

DE L'OUVRIER,

OU

APPLICATION DE LA RÈGLE,
DE L'ÉQUERRE ET DU COMPAS A LA SOLUTION
DES PROBLÈMES DE LA GÉOMÉTRIE;

PAR E. MARTIN,

PROFESSEUR DE SCIENCES PHYSIQUES.

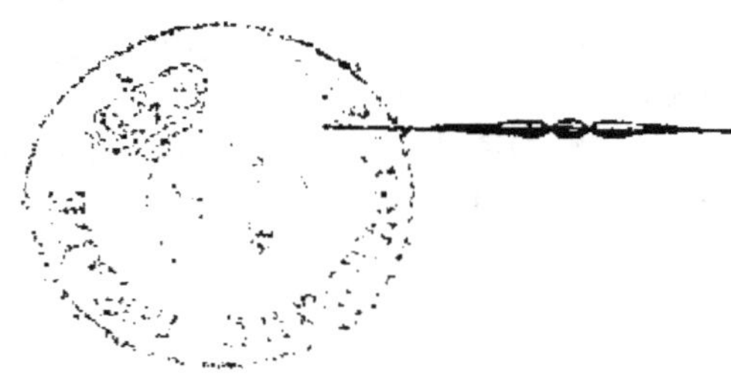

PARIS,

AUDOT, ÉDITEUR,

RUE DES MAÇONS-SORBONNE, N° 11.
1828.

IMPRIMERIE DE A. HENRY,

Rue Gît-le-Cœur, n° 8

INTRODUCTION.

—

La Géométrie est l'ensemble des connaissances nécessaires pour mesurer l'étendue. L'objet de cette science, comme l'on voit, est immense ; mais dans le Traité que nous publions, nous ne la considérons que sous le rapport de ses applications les plus usuelles. Les bornes de ce Traité ne nous ont pas permis d'insister sur les théories autant que nous l'aurions désiré ; mais toutes les fois qu'il nous a été possible de donner la raison des pratiques que nous prescrivons, nous l'avons fait avec autant de clarté que le sujet le comporte. En outre nous avons suivi la méthode qui nous paraît la plus en rapport avec les progrès de l'esprit. Nous avons été du plus simple au plus composé : et quoique nous nous soyons vu forcé d'interrompre le fil du raisonnement, en beaucoup d'endroits, nous n'en avons pas moins groupé les matières de manière à ne présenter au lecteur que des difficultés graduées.

Le charpentier, le menuisier, le maçon, trouveront dans ce Traité des méthodes pour la solution de la généralité des problèmes qui se rattachent à l'application de leur art ; et nous espérons qu'il ne sera pas consulté inutilement par le propriétaire et l'homme du monde, qui n'auraient pas eu le tems de se livrer aux mathématiques, ou qui les auraient depuis long-tems perdues de vue.

GÉOMÉTRIE

PRATIQUE,

OU

RÉSOLUTION DES PROBLÈMES

DE LA GÉOMÉTRIE,

À L'AIDE DE LA RÈGLE, DE L'ÉQUERRE ET DU COMPAS.

NOTIONS PRÉLIMINAIRES.

—

Tous les corps qui sont l'objet des opérations de la Géométrie, réunissent les trois dimensions de l'étendue, c'est-à-dire, qu'ils sont à la fois larges, longs et épais. Lorsqu'on ne songe qu'à leur longueur et à leur largeur, sans tenir compte de leur épaisseur, on se fait l'idée de ce qu'on appelle une *surface* ; on se fait l'idée de la *ligne*, lorsqu'on ne considère dans la surface que la longueur prise isolément, sans tenir compte de la largeur. Et enfin, on se forme l'idée du *point* lorsqu'on ne considère que les extrémités de la ligne, sans tenir compte de sa longueur. On voit par là qu'il n'y a, à proprement parler, dans la nature, ni surface, comme on l'entend en Géométrie, ni ligne, ni point. Ces notions sont l'ouvrage de l'esprit, qui, pour simplifier les opérations, analyse la notion complexe du corps ou solide, et considère successivement dans celui-ci, la surface ; dans la surface, la ligne ; et dans la ligne, le point. Mais dans la pratique, le point a toujours quelque étendue ; la ligne, quelque largeur ; et la surface, quelque épaisseur ; et c'est pour cela que les résultats vrais d'une manière absolue en théorie, ne le sont qu'approximativement dans la pratique. Mais ce n'est que plus tard que le lecteur sentira toute la vérité de ces réflexions. Nous allons continuer d'expliquer les termes les plus usités en Géométrie.

On dit de la ligne qu'elle est *droite*, lorsque, tirée dans une surface plane ou

un plan, elle mesure la plus courte distance entre 2 points. Si elle s'écartait de
côté ou d'autre, elle serait courbe ou
brisée; *brisée*, si elle était composée de
lignes droites ; *courbe*, si sa direction
changeait à chaque point, et qu'on ne
pût lui superposer nulle part une ligne
droite. On voit déjà que dans la nature, il n'y a pas de ligne courbe proprement dite, et qu'une courbe n'est que
la réunion d'une multitude de petites
lignes droites inclinées entre elles suivant une certaine règle. Lorsque des
lignes sont dans un même plan, et
qu'elles conservent toujours la même
distance, on dit qu'elles sont *parallèles.*
On voit par-là que les parallèles ne se
rencontrent jamais. Lorsque des lignes
se rencontrent, l'espace qu'elles comprennent est appelé *angle*, et leur point
de rencontre détermine le *sommet* de
l'angle. Deux lignes qui se coupent de
la sorte forment quatre angles. Si tous
ces angles sont égaux entre eux, c'est
que les lignes ne penchent d'aucun côté,
et alors on appelle ces lignes *perpendiculaires*, tandis qu'on donne aux angles
qu'elles forment le nom d'*angles droits.*Si
les lignes étaient inclinées l'une vers l'au

tre, les angles qu'elles formeraient seraient inégaux ; les plus grands seraient appelés *obtus*, et les plus petits *aigus*. Mais comme l'inclinaison de ces lignes, des deux côtés, serait réciproquement égale, les deux angles obtus seraient égaux entre eux, de même que les deux angles aigus.

En considérant l'espèce de croix formée par deux lignes droites qui se coupent sans être réciproquement perpendiculaires, on voit que les angles aigus sont *opposés* l'un à l'autre *par leur sommet*, et qu'il en est de même des angles obtus. La somme de ces quatre angles est égale à quatre angles droits. En effet, si l'on relevait une des lignes de manière qu'elle ne penchât plus d'aucun côté, les quatre angles seraient changés en angles droits.

Il suit de là que dans l'intersection de deux lignes qui ne sont pas perpendiculaires, les angles aigus sont plus petits que des angles droits, d'une quantité précisément égale à celle dont les angles obtus adjacens surpassent ces mêmes angles. Aussi lorsque l'on fait changer l'inclinaison de deux lignes, le rapport dans lequel les différens angles augmentent ou diminuent, est toujours le même ; et leur somme est toujours égale à quatre angles droits. Il est inutile de dire que si l'on faisait passer d'autres lignes par le point d'intersection des deux premières, on augmenterait le nombre des angles ; mais on les rendrait en même tems plus petits, de telle sorte que leur somme ne serait encore égale qu'à quatre angles droits.

Lorsqu'on limite une surface par des lignes (nous n'entendons parler en ce moment que des surfaces planes et des lignes droites), cette surface prend le nom de *polygone*, c'est-à-dire de surface à plusieurs angles ; quand elle en a trois, elle est appelée *triangle ; quadrilatère*, lorsqu'elle en a quatre ; *pentagone*, lorsqu'elle en a cinq ; *hexagone*, lorsqu'elle en a six ; et enfin *eptagone, octogne, dodécagone*, etc., lorsqu'elle en a sept, huit ou douze. On doit remarquer que, dans ces figures, le nombre des côtés est toujours le même que celui des angles.

On appelle *polygones réguliers* ceux dans lesquels les côtés et les angles sont égaux entre eux. Le *triangle régulier* est appelé triangle *équilatéral* ou *équian-*

gle ; et le *quadrilatère régulier* est nommé *carré*. Les autres polygones conservent leur nom ; seulement ou leur ajoute la qualification de réguliers, lorsqu'on veut faire entendre qu'ils le sont.

Il y a plusieurs espèces de triangles. Le triangle *équilatéral* qui, comme nous venons de le dire, a tous ses côtés égaux ; le triangle *isocèle*, qui a deux côtés égaux, et le triangle *scalène*, dont tous les côtés sont inégaux. Il y a, en outre, le triangle *rectangle*, qui a un angle droit ; le triangle *obtusangle*, qui a un angle obtus, et le triangle *acutangle* qui a tous ses angles aigus. Il y a aussi plusieurs quadrilatères. Le *carré*, dont les côtés sont perpendiculaires et égaux entre eux ; le *lozange*, dont les côtés sont égaux, sans être perpendiculaires; le *rectangle*, dont les côtés sont perpendiculaires, sans être égaux ; le *parallélogramme*, dont les côtés opposés sont parallèles, sans être perpendiculaires à leurs côtés adjacens ; le *trapèze*, qui n'a que deux côtés parallèles, sans que ces côtés soient égaux ; et enfin, le *quadrilatère* proprement dit, qui peut avoir tous ses côtés inégaux.

On donne le nom de *cercle* à une sur-

face plane limitée par une ligne courbe
dont tous les points sont également distans d'un point intérieur qu'on appelle
centre. Cette ligne courbe, considérée
isolément, est appelée *circonférence* ;
et les lignes qui y aboutissent, en partant du centre, sont nommées *rayons*.
Lorsque deux rayons se trouvent en ligne
droite, on donne à leur somme le nom
de *diamètre*. Les autres lignes qui, sans
passer par le centre, aboutissent à la
circonférence par leurs extrémités, sont
désignées particulièrement sous le nom
de *cordes*; et on appelle *arcs* les portions de la circonférence comprises entre
les extrémités des cordes.

On nomme *secteur*, une partie quelconque d'un cercle bornée par un arc et
par deux rayons menés aux extrémités
de cet arc ; et on nomme *segment* la
partie du secteur comprise entre l'arc et
la corde.

Dans les figures polygones, on donne
le nom de *base* au côté sur lequel on
suppose que le polygone s'élève, et l'on
conçoit que chaque côté peut être considéré arbitrairement comme base. La base
des figures planes est donc toujours une
ligne. Dans les solides, on donne le nom

de *base* à la face sur laquelle on suppose que le solide est porté. Si cette base est un polygone, et si la face opposée lui est égale et parallèle, le solide prend le nom de *prisme*. Le prisme est dit *triangulaire*, *quadrangulaire*, *pentagonal*, etc., lorsqu'il a pour base un triangle, un quadrilatère ou un pentagone; il est dit *oblique*, lorsque ses côtés sont inclinés sur la base, et il est dit *droit*, lorsqu'ils sont perpendiculaires. Dans ce dernier cas, les côtés du prisme sont des rectangles, et dans le premier, ils sont simplement des parallélogrammes.

Lorsque la base est un parallélogramme, le prisme est appelé *parallélipipède*; et il est appelé *rectangulaire*, lorsque sa base et ses côtés sont des rectangles. On l'appellerait *cube*, si toutes ses faces étaient des carrés. Le prisme, dont les extrémités sont des cercles est nommé *cylindre*, et celui dont les extrémités sont des ovales, ou ellipses, est appelé *cylindroïde*.

On donne le nom de *pyramide* au solide qui a pour base un polygone, mais dont les côtés sont des triangles qui se réunissent à un même point qui est appelé sommet de la pyramide.

Si la pyramide avait un cercle pour base, elle porterait le nom de *cône*.

Lorsque la pyramide ou le cône sont séparés de leur sommet par un plan, la partie qui repose sur la base est appelée *tronc* de *pyramide* ou de *cône*.

Lorsque deux plans se rencontrent, la ligne d'intersection est nommée *arête*; et si l'on conçoit que l'espace angulaire qui existe entre eux, est fermé par deux triangles égaux et parallèles, on se formera l'idée d'un *coin*.

On appelle *sphère* le solide qui est terminé par une surface dont tout les points sont également éloignés d'un point intérieur qu'on appelle *centre*. On conçoit que la sphère peut être produite par la révolution de la demi-circonférence autour du diamètre. Si la sphère était un peu aplatie ou un peu allongée, elle prendrait alors le nom de *sphéroïde aplati*, ou de *sphéroïde oblong*.

Lorsque deux plans parallèles coupent une sphère, la portion de la sphère qui est comprise entre ces plans, est appelée *zone*; et les portions qui sont comprises entre chaque plan et la surface sphérique sont nommées *segmens sphé-*

riques. Lorsqu'un solide quelconque est creux à l'intérieur, de telle sorte que dans sa cavité on pourrait loger un solide de même forme, ce solide porte alors la dénomination, un peu contradictoire, de *solide creux.*

Nous ne pensons pas qu'il soit nécessaire de tracer des figures particulières pour faire concevoir au lecteur les explications que nous venons de donner. En effet, la vue d'une règle donne aussitôt l'idée d'une *ligne droite* ; la vue d'une corde tendue par un plomb et librement suspendue, donne l'idée d'une ligne *perpendiculaire* qui fait des angles droits avec une ligne horizontale ; et on se fait l'idée de deux lignes *parallèles*, en songeant aux deux côtés d'une rue également large partout. Tout le monde se fait l'idée d'un *carré* ; un *rectangle* est, ce qu'on appelle populairement un *carré long*, et un *parallélogramme* n'est autre chose qu'un rectangle dont les côtés sont inclinés l'un sur l'autre. Ces figures partagées en deux par une ligne qui joindrait leurs angles opposés, ou, en d'autres termes, par une diagonale, donneraient l'idée des divers triangles que l'on peut former. Les figures à cinq et à six côtés ne sont pas plus difficiles à concevoir que celles à trois et à quatre.

La surface d'une pièce de monnaie donne l'idée d'un *cercle*, et une partie de sa circonférence, celle d'un *arc*. Une roue de voiture présente la même idée; on y voit en outre des *rayons* qui vont du centre à la circonférence, et des *secteurs* qui sont l'espace compris entre deux rayons, et l'arc aux extrémités duquel ils aboutissent; mais ce serait ne supposer aucune intelligence au lecteur que de nous apesantir plus long-tems sur de pareilles notions. Ajoutons seulement qu'une solive équarrie est un prisme *quadrangulaire droit*, de même qu'un coffre; qu'un dé à jouer est un *cube*; qu'un tronc d'arbre bien arrondi donne l'idée d'un *cylindre*; que la toiture de la plupart des clochers donne l'idée d'une *pyramide*; qu'un pain de sucre est un *cône*, et qu'une orange et un œuf donnent l'idée d'une *sphère* et d'un *sphéroïde allongé*. Quant au *coin*, l'instrument qui porte ce nom en donne une idée parfaite.

Règles, Équerres et Compas.

Comme les problèmes, qu'il est de notre objet de rapporter dans ce Traité, demandent que l'on fasse un fréquent usage de la règle, de l'équerre et du compas, nous allons dire un mot de ces différens instrumens.

Les règles sont des instrumens dont on se sert pour tracer des lignes droites ; et l'exactitude de ce procédé est subordonnée à l'exactitude de la règle elle-même. Pour les petits ouvrages qui demandent beaucoup de précision, on emploie des règles métalliques dressées avec soin ; mais pour les usages habituels, on se contente de règles de bois. Pour vérifier une règle, on l'applique contre une autre dont l'exactitude est reconnue, et on la juge bonne si l'on n'aperçoit le jour nulle part entre les deux.

Les équerres sont des instrumens dont on fait un grand usage dans la pratique pour tracer ou copier des angles. Elles sont en bois ou en métal : les plus simples consistent en deux règles d'égale longueur qui sont ajustées l'une à l'autre à angle droit. Pour s'assurer si une équerre de cette espèce est exacte, on tire une ligne droite, et l'on dispose l'équerre de manière que la partie intérieure de l'une de ses branches affleure la ligne. Alors, on tire une seconde ligne perpendiculaire à la première en suivant l'autre branche de l'équerre, et il ne reste plus qu'à appliquer l'équerre sur l'angle qui est adjacent à celui que l'on vient de mesurer. Si l'équerre s'y applique parfaitement, on peut la regarder comme exacte. On appelle équerre à *chaperon*, celle dont une des branches est recouverte d'une règle de même matière. Dans ces équerres, on laisse ordinairement un peu plus de longueur à la branche qui n'est pas recouverte. Quelquefois on construit des équerres dont les branches se prolongent au-delà de leur point d'intersection. Ces équerres ont la forme d'une croix; et on les appelle à *coulisse*, lorsqu'une des branches qu'on nomme *réglet* peut être avancée ou reculée à volonté. Ce réglet entre à frottement dans une boîte qui est portée par l'autre branche, et on le maintient au point où l'on veut, à l'aide d'un ressort placé dans la boîte, et d'une vis qui presse sur le ressort.

On appelle *équerres à coulisse universelles*, celles qui se composent d'une demi-circonférence, au centre de laquelle est une boîte traversée par un réglet. Cette boîte est adaptée de manière à pouvoir tourner sur le centre du cercle, et le réglet peut être porté successivement, de cette façon, vers tous les points de la demi-circonférence. Lorsque cette demi-circonférence est divisée en degrés, l'équerre peut servir immédiatement à relever des angles.

Les équerres surnommées *équerres d'arpenteur*, ne sont autre chose qu'un cylindre ou un prisme portés sur des pieds. Ce prisme, dans une position verticale, est divisé à sa partie supérieure par deux traits de scie verticaux, et à angles droits. On se sert de cette équerre sur le terrain en regardant à travers les traits de scie ; et pour qu'elle soit exacte, il faut que deux objets aperçus à travers deux fentes, soient aperçus de même lorsque l'on fait tourner l'instrument de manière que d'autres fentes prennent **la** place de celles-là.

On appelle *fausse équerre*, celle dont les branches réunies par une charnière peuvent s'écarter ou se rapprocher à volonté. Cette équerre est employée à relever ou à copier toutes sortes d'angles.

Les compas sont des instrumens de métal ou du moins garnis de métal, et que l'on emploie ordinairement pour décrire des circonférences. Ils se composent de deux branches pointues par un bout et réunies en charnière par l'autre. Quelquefois l'une des branches porte un quart de cercle qui traverse l'autre branche et qui sert à retenir celle-ci aux différens degrés d'ouverture que l'on veut donner à l'instrument. Le quart de cercle est alors pressé par une vis qui est adaptée à la branche mobile. Il y a des compas d'un autre genre, destinés à tracer différentes courbes; mais notre intention est de n'en parler que plus tard.

PROBLÈMES

RELATIFS AUX LIGNES.

—

Moyen de Tracer une Ligne droite.

LORSQU'IL s'agit de tracer une ligne droite sur une surface d'une très-petite étendue, on emploie la règle ; et comme nous avons vu, l'exactitude du procédé est subordonnée à celle de l'instrument qu'on emploie. Sur les surfaces qui ont une longueur un peu considérable, comme les solives, on emploie une corde que l'on frotte avec de la craie et dont on fixe les deux extrémités sur la solive. On la pince ensuite pour la faire vibrer, et lui faire frapper la solive sur laquelle elle laisse l'empreinte d'une ligne tracée en blanc.

De pareils moyens se trouveraient insuffisans s'il s'agissait de décrire, sur le terrain, une ligne droite d'une certaine étendue. Alors on a recours à de minces pièces de bois qu'on nomme *jalons*, et l'on commence par en planter un à chaque extrémité de la ligne que l'on veut tracer. On se place ensuite contre le premier, de manière que les deux jalons qu'on vient de planter, se trouvent tous deux dans la direction du rayon visuel; et pendant que l'on est ainsi placé, une seconde personne plante des jalons dans la direction de la ligne droite que l'œil parcourt. Si cette personne plaçait les jalons trop à droite ou trop à gauche de cette ligne, on lui ferait signe qu'elle s'en écarte, et elle ne cesserait de tâtonner qu'au moment où l'on trouverait que le jalon est dans une position convenable.

Les jalons sont ordinairement de simples baguettes droites, au sommet desquelles on ajoute un petit carré de papier pour mieux les voir. De tels jalons sont presque toujours suffisans; et l'on assure un nouveau degré d'exactitude à l'opération, lorsqu'en les plantant, on examine, au moyen d'un fil à plomb, s'ils sont dans une position verticale.

Quelquefois il est nécessaire de prolonger une ligne droite au-delà d'un objet qui forme un obstacle; et dans ce cas, le moyen que nous venons de décrire est insuffisant. Nous ferons connaître, plus tard, après avoir parlé des parallèles, comment on doit s'y prendre pour opérer malgré cette espèce de difficulté.

Tracer un Cercle et une Courbe irrégulière.

Lorsqu'il s'agit de tracer un cercle sur une surface de peu d'étendue, on a recours au compas dont une des branches est fixée sur le point intérieur que l'on veut prendre pour centre, tandis que l'extrémité de l'autre branche décrit la circonférence. Ce moyen a toute l'exactitude qu'on peut désirer, surtout lorsque l'on emploie un compas dont on peut rendre l'ouverture invariable. Mais lorsque les dimensions de la circonférence s'étendent un peu, les compas ordinaires sont insuffisans, et alors, ce que l'on peut faire de mieux pour y suppléer, c'est de fixer deux pointes dans une règle. L'une immobile pour marquer le centre, et l'autre susceptible de se rapprocher plus ou moins de celle-ci, selon l'étendue de la circonférence que l'on veut décrire. Une pareille règle, avec ses deux pointes, remplace avec succès le compas.

Si la circonférence devait avoir une étendue plus considérable, on pourrait employer une corde, dont on fixerait une des extrémités avec un piquet. Après cela, on tournerait autour du piquet, en tenant la corde tendue, et la surface parcourue par la corde serait un cercle. S'il s'agissait de décrire une circonférence très-vaste dans une campagne, on se placerait au centre, et de là on tirerait des lignes droites dans toutes les directions, en employant des jalons. Ensuite on prendrait sur chacune de ces lignes, à partir du centre, une longueur égale au rayon de la circonférence qu'on voudrait décrire; et l'on obtiendrait, de cette manière, différens points par lesquels la circonférence devrait passer.

Il n'y a pas de règles à prescrire pour tracer les courbes irrégulières, puisque ces courbes ne sont soumises à aucune règle; mais si l'on donnait une courbe irrégulière, et qu'il s'agît d'en tracer une semblable, voici comme l'on devrait opérer : on commencerait par tracer une ligne droite en regard de la courbe que l'on voudrait imiter; ensuite de différens points de

cette courbe, assez rapprochés, on abaisserait des perpendiculaires qui couperaient la ligne droite en se prolongeant
suffisamment au-delà, et l'on prendrait
sur le prolongement de chacune d'elles
à partir de la ligne droite, une distance
égale à celle qui se trouverait entre le
point de la courbe d'où la perpendiculaire est abaissée, et la ligne droite. La
courbe que l'on conduirait par l'extrémité des lignes ainsi mesurées, serait
une représentation de la courbe irrégulière donnée pour modèle, et cette représentation serait d'autant plus fidèle,
que le nombre des perpendiculaires serait plus grand.

Abaisser ou Elever une Perpendiculaire sur une ligne droite.

L'équerre peut être employée avec
succès et facilité pour élever ou abaisser
des perpendiculaires sur une droite.
Ainsi, par exemple, lorsque l'on veut
élever une perpendiculaire sur une droite
A C (*fig.* 1re), à un point donné B, A B,
on porte une des branches de l'équerre
le long de cette droite, de manière que
le point B soit précisément au point de

rencontre des deux branches, et ensuite l'on tire la ligne B D le long de la branche de l'équerre qui tombe à plomb sur la droite donnée. La ligne tirée le long de cette branche est la perpendiculaire demandée. Si le point donné était hors de la ligne droite, en **D**, par exemple, et que de ce point on voulût abaisser une perpendiculaire sur cette droite, on disposerait un des côtés de l'équerre le long de la ligne **A C**, comme dans l'opération précédente, et on ferait glisser l'instrument jusqu'à ce que la branche verticale se trouvât juste dans la direction du point **D**. La ligne droite que l'on conduirait alors selon cette direction, serait la perpendiculaire demandée.

L'on peut aussi élever ou abaisser des perpendiculaires sur une droite au moyen d'un compas, d'une règle armée de pointes, ou d'une ficelle. Supposons, par exemple, que l'on voulût élever une perpendiculaire sur le milieu de la droite A B (*fig. 2*) : des deux extrémités de cette droite, comme centres, et avec les rayons égaux A E, B D, plus grands que la moitié de la ligne, on décrirait deux demi-circonférences qui se couperaient au dessus et au dessous de cette ligne;

on joindrait ensuite les points d'intersection des demi-circonférences par la
droite E F , et ce serait la perpendiculaire demandée.

Si le point donné n'était pas au milieu de la ligne droite, il faudrait prendre deux points sur cette ligne à une
égale distance du point donné, et un de
chaque côté ; et de ces points comme
centres, on décrirait des demi-circonférences qui se couperaient en deux
points. La ligne conduite par les points
d'intersection serait la perpendiculaire
demandée.

Si le point donné pour y élever une
perpendiculaire, était en B (*fig*. 3), à
l'extrémité de la ligne A B, et que cette
ligne ne pût pas être prolongée pour
donner lieu à une construction semblable
à la précédente, on se porterait au point
B, et de ce point, avec un rayon quelconque, B D, par exemple, plus grand
que la moitié de C B, on décrirait un
arc. Du point C, et avec le même rayon,
on décrirait ensuite un autre arc, qui
couperait le premier, et du point d'intersection, comme centre, toujours avec
le même rayon, on décrirait la demi-
circonférence C B E ; on tirerait alors

le diamètre C E ; on joindrait B E ; et
B E serait la perpendiculaire cherchée.
On pourrait aussi parvenir au même résultat d'une autre manière. A cet effet,
on élèverait une perpendiculaire à un
point quelconque sur la droite donnée,
et il ne s'agirait ensuite que de mener
une parallèle à la perpendiculaire déjà
tracée, en partant du point désigné.
Nous verrons plus bas par quelle méthode on peut mener une parallèle à
une ligne donnée, en partant d'un point
désigné. Disons maintenant comment,
d'un point donné hors d'une droite, on
pourrait abaisser une perpendiculaire
sur cette droite ou sur son prolongement.

Pour abaisser d'un point A, donné
hors de la droite B C (*fig.* 4), une perpendiculaire sur cette droite ou sur son
prolongement, on se portera au point A
comme centre, et de là, avec un rayon
suffisamment grand, on décrira l'arc
B C, qui coupera la ligne donnée ou son
prolongement en deux points. De ces
points, on décrira alors deux arcs qui se
couperont au point E; on joindra ce
point et le point donné par une ligne,

et cette ligne sera la perpendiculaire demandée.

Si le terrain, ou le champ de l'opération quel qu'il fût, ne permettait pas de semblables constructions, on s'y prendrait d'une autre manière : on élèverait une perpendiculaire à un point quelconque, sur la ligne donnée, et l'opération se bornerait alors à mener, en partant du point donné, une parallèle à cette perpendiculaire.

Diviser une Ligne, un Arc ou un Angle en deux parties égales.

L'on a vu plus haut (*fig.* 2), comment il fallait s'y prendre pour élever une perpendiculaire au milieu d'une droite donnée ; et nous avons dit que la ligne E F, qui joignait les points d'intersection des demi-circonférences décrites, était la perpendiculaire demandée. En faisant quelque attention à la construction, il devient évident que cela doit être : en effet, les extrémités de cette ligne se trouvant également distantes des deux points pris comme centres sur la droite donnée, on peut conclure de là qu'elle n'incline d'aucun côté, et conséquemment qu'elle est perpendiculaire. Mais ses extrémités ne sont pas seules également distantes des deux points pris comme centres : les deux obliques que l'on mènerait à ces mêmes points, d'un point quelconque pris sur cette ligne, auraient aussi la même longueur. Par une raison semblable, le pied de la perpendiculaire se trouve également éloigné des deux centres, et la ligne se trouve divisée en deux parties égales. On voit donc de quelle manière il faut s'y prendre pour diviser une ligne donnée en deux parties égales.

Si c'était l'arc A B (*fig.* 5), que l'on voulût diviser de la sorte, on tirerait sa corde, et on élèverait une perpendiculaire sur le milieu de cette corde. Cette perpendiculaire diviserait l'arc en deux parties égales. Une construction semblable servirait à diviser aussi, en deux parties égales, l'angle donné A (*fig.* 6). En effet, du sommet de cet angle, comme centre, et avec le rayon A B, on décrirait l'arc B C, qui aboutirait aux deux côtés de cet angle ; après quoi l'opération se bornerait à diviser l'arc en deux parties égales et à tirer une ligne du sommet de l'angle au milieu de l'arc. Cette ligne diviserait l'angle donné en deux parties égales.

Faire un Angle égal à un Angle donné.

On a avancé, dans le problème précédent que la droite qui était tirée du sommet d'un angle au milieu de l'arc compris entre ses côtés, divisait cet angle en deux parties égales. On ne sera pas étonné de cette assertion, si l'on considère les relations qui existent entre les angles qui ont leur sommet au centre d'un cercle, et les arcs qui leur correspondent. En effet, si l'on tire un diamètre dans un cercle, et si on le coupe par un autre diamètre dont on fera varier l'inclinaison, on verra que la dimension de l'arc opposé variera comme cette inclinaison, et il sera permis d'inférer de là que les arcs peuvent toujours servir de mesure aux angles. On en conclura aussi que, dans des circonférences égales, les arcs égaux correspondent à des angles au centre égaux, et sont soutendus par des cordes égales, et réciproquement. Cela posé, voyons comment il faudra s'y prendre pour faire un angle égal à un angle donné. Pour faire un angle égal à un angle donné A, par exemple (*fig.* 7), on se placera au point A, comme centre, et de là, avec un rayon quelconque, on décrira l'arc G H, qui embrassera toute l'ouverture de l'angle. Alors on portera le compas sur le point B de la droite B D, où devra être le sommet de l'angle demandé, et avec la même ouverture que précédemment, on décrira l'arc indéfini D E. Sur cet arc, on prendra une partie D F, égale à l'arc G H, qui sert de mesure à l'angle donné; on joindra le point F et le centre B, et l'angle formé sera égal à l'angle donné.

Mener une Parallèle à une Ligne droite et à une Ligne sinueuse.

Soit proposé de mener, par le point donné C (*fig.* 8), une parallèle à la ligne A B : du point C comme centre, et avec un rayon quelconque, on décrira l'arc indéfini B E. Du point B, et avec le même rayon, on décrira ensuite l'arc C A ; on prendra sur B E une grandeur B D égale à C A ; on tirera C D, et ce sera la parallèle demandée.

On aurait pu mener la même parallèle C D, au moyen d'une équerre. À cet effet, on aurait fait glisser une des branches de l'équerre F, le long de A B, et lorsqu'on aurait eu en vue le point C dans la direction de l'autre branche, on aurait tiré la ligne G C. L'équerre aurait alors été portée en C, de manière à avoir une de ses branches le long de C G, et la ligne C D, tirée dans la direction de l'autre branche, aurait été la parallèle demandée.

Si l'on voulait mener une parallèle à la ligne sinueuse donnée A B C D E F (*fig*. 9), on tirerait la droite G H, et sur cette droite on abaisserait une suite de perpendiculaires que l'on prolongerait indéfiniment. On prendrait ensuite, sur chacune de ces perpendiculaires, une grandeur égale à une ligne quelconque A *a*, par exemple, et la ligne *a b c d e f*, conduite par les extrémités de toutes ces droites égales, serait la parallèle demandée.

On conçoit qu'il sera facile, de cette manière, de connaître la forme du lit d'une rivière. En effet, on n'aura qu'à laisser tomber la sonde à des intervalles très-rapprochés dans le sens de la largeur du courant ; ensuite on tirera une ligne sur le terrain égale en longueur à la largeur du courant, et l'on élèvera des perpendiculaires égales en longueur à la profondeur des sondes, et distantes comme les sondes l'étaient. La ligne sinueuse que l'on conduira pour joindre l'extrémité de ces perpendiculaires représentera le fond de la rivière, et le dessin sera d'autant plus exact que les sondes auront été plus rapprochées.

Si l'on voulait rapporter ce dessin sur le papier, on réduirait, dans la même proportion, la largeur de la rivière et la profondeur donnée par les sondes. Ainsi, par exemple, si la rivière avait cinquante mètres de largeur, on pourrait tirer une ligne de cinquante centimètres sur le papier. La distance des sondes et la profondeur donnée par chacune seraient réduites également au centième ; et le dessin que l'on tracerait serait une image fidèle de l'objet naturel.

Si l'on se proposait de tirer une ligne droite parallèlement à l'axe du cylindre A B (*fig.* 10), on ferait tourner ce cylindre sur son axe, et l'on décrirait le cercle C D. Ensuite, d'un point quelconque de ce cercle, et avec un rayon à volonté, par exemple du point E, et avec le rayon E F, on décrirait un arc indéterminé ; après quoi on porterait le compas au point F, et avec la même ouverture on décrirait, un nouvel arc qui couperait en deux points le premier. La ligne G H, que l'on mènerait par ces deux points, serait la parallèle demandée. On appelle *axe* dans un cylindre, la ligne que l'on suppose passer par le centre des deux cercles parallèles qui servent de base au cylindre.

Dessins en Géométrale.

Les lignes parallèles sont d'un grand usage pour l'exécution des dessins que l'on appelle en *géométrale*. Dans ces dessins on n'a aucun égard à la perspective, et on représente les objets comme on les verrait si tous leurs points s'avançaient parallèlement et venaient se peindre sur un seul plan, comme serait une toile, par exemple, que l'on tendrait entre ces objets et le spectateur. Soit HH' un plan interposé entre l'édifice A B C D et le spectateur (*fig.* 11) : les divers points de cet édifice, en supposant qu'ils s'avançassent parallèlement dans la direction de N O, viendraient se peindre aux points *a b c d e f g*, etc., du plan HH′; le point B reste-rait caché, et la figure entière serait comprise entre les points *a* et *n*.

Si l'on connaissait la hauteur de cet édifice, il serait facile d'en tracer le dessin géométral, en supposant tou-jours qu'il fût vu suivant la direction N O. En effet, il suffirait de tirer HH′ égale à HH′ (*fig.* 12), et de prendre sur cette ligne les distances *a b*, *b e*, etc., égales à leurs correspondantes *a b*, *b e*. On élèverait ensuite des perpendiculaires en *b*, *e*, etc., pour représenter la hau-teur connue, et, en joignant le sommet de ces perpendiculaires, on aurait le dessin des parties les plus importantes de l'édifice. On conçoit qu'en multipliant les opérations, on pourrait représenter toutes les autres parties visibles, comme les portes, les fenêtres et les diverses parties de l'entablement ; mais dans tous les cas, on se conduirait d'après les prin-cipes que nous avons exposés.

Prolonger une Ligne droite sur le terrain au-delà d'un obstacle.

Ce que nous avons dit sur les paral-lèles suffit pour que la solution de ce problème ne présente pas de difficulté. En effet, on commencera par mener une parallèle à la ligne qu'on veut prolonger, et l'on placera cette parallèle de manière que l'obstacle n'empêche pas de la prolonger. Ensuite on tirera une perpendiculaire allant de la parallèle à la ligne ; on en prendra la longueur, et l'on portera cette longueur sur deux autres perpendiculaires que l'on élèvera sur le prolongement de la parallèle. La ligne qui passera par l'extrémité de ces perpendiculaires , ainsi limitées , sera le prolongement de la ligne droite donnée. La *fig.* 13 représente une ligne droite A B, qui a été prolongée ; C D est la parallèle qui lui a été menée, et C A, D E, F G, sont les perpendiculaires au moyen desquelles on a opéré le prolongement. On a pris F G et D E égales en grandeur à C A, et on a tiré la ligne G E, qui s'est trouvée le prolongement demandé.

Diviser une Ligne droite en parties égales ou proportionnelles.

Soit la ligne A F, que l'on se propose de diviser en cinq parties égales (*fig.* 14).

Du point A, on mènera, dans une direction quelconque, une droite indéterminée A X; on prendra sur cette droite cinq parties égales 1, 2, 3, 4, 5, et l'on tirera la ligne F 5. Il ne restera plus alors qu'à mener des parallèles à cette ligne par les points 4, 3, 2 et 1; et la ligne A F sera divisée en cinq parties égales, puisque ces parties seront comprises entre des parallèles également distantes.

Si l'on se fût proposé de diviser la même ligne A F en parties proportionnelles à d'autres lignes, on aurait porté toutes ces lignes, l'une après l'autre, sur la droite indéterminée A X, on aurait joint l'extrémité de la dernière, et le point F, par une ligne, et des divers points marqués par l'extrémité des autres, on aurait mené des parallèles à cette ligne. Ces parallèles auraient coupé la ligne AF en parties proportionnelles aux lignes données.

Trouver une quatrième proportionnelle à trois Lignes données.

Si l'on voulait trouver une quatrième proportionnelle aux trois lignes données

A B, B C, A D, on tirerait **deux** lignes indéfinies formant un angle quelconque, comme A F, A G (*fig.* 15) ; on porterait sur l'une d'elles les deux premières des trois lignes données, par exemple, A B et B C ; on porterait A D sur l'autre ; on joindrait BD ; on mènerait CX, parallèle à cette ligne B D, et D X serait la quatrième proportionnelle demandée.

Trouver une moyenne proportionnelle à deux Lignes données.

S'il s'agissait de trouver une moyenne proportionnelle à deux lignes données, on mettrait ces deux lignes à la suite l'une de l'autre en ligne droite, et du milieu de leur somme comme centre, et avec un rayon égal à la moitié de leur somme, on décrirait une demi-circonférence. On se porterait ensuite à leur point de jonction, et là on élèverait une perpendiculaire jusqu'à la rencontre de la circonférence. Cette perpendiculaire serait la moyenne proportionnelle demandée.

Division des Echelles.

Les parallèles servant à diviser une ligne en parties égales ou proportion—nelles, on a fondé sur ces propriétés la construction des échelles. Soit proposé, par exemple, de réduire un dessin donné dans la proportion de la ligne A B, à la ligne A C. On disposera ces lignes (*fig.* 16), de manière qu'elles forment un angle en A ; et la ligne A B ayant été préalablement divisée en dix parties égales, par exemple, on divisera de même la ligne A C. Chacune de ces divisions pourra être sub—divisée elle-même en dix parties, et l'échelle fournira ainsi le moyen de transformer le dessin dont A B serait un côté, en un autre dont A C serait le côté semblable.

On conçoit que la division des échelles demande une grande attention, et que de leur exactitude dépend l'exactitude des tracés auxquels elles doivent servir. Si l'on voulait diviser l'unité de l'échelle en parties trop petites pour qu'elles pussent être marquées bien distincte—ment, comme, par exemple, si l'on voulait diviser A 4 (*fig.* 17), en dix parties, on mènerait au point A, une perpendiculaire A 10, que l'on diviserait en dix parties ; on tirerait la diagonale 4 10, et cette diagonale marquerait successivement tous les dixièmes de A 4, sur les parallèles partant des points 1, 2, 3, 4, etc., avec des échelles ainsi construites, on n'est pas obligé de porter les pointes du compas toujours à la même place, et les échelles se conservent beaucoup plus long-tems.

Compas de proportion.

Le compas de proportion facilite singulièrement les réductions proportionnelles. Il se compose de deux branches divisées de la même manière ; et voici comment on doit opérer pour obtenir, par son moyen, une échelle proportionnelle. On portera sur une des branches, par exemple de A en M (*fig.* 18), la longueur de l'une des lignes données ; on marquera sur l'autre branche, au point N, le point correspondant au point M ; et l'on ouvrira le compas jusqu'à ce que l'ouverture M N soit égale à l'autre ligne donnée. Les lignes A 8, A 7, A 6, etc., on reploie le rectangle cylindrique seront des divisions de A M, et les lignes 88, 77, 66, etc., le seront de M N, dans la même proportion. On conçoit qu'il serait facile de suppléer au compas de proportion, à l'aide de deux lignes que l'on diviserait en parties égales, et qui se réuniraient en un point, en formant un angle. Ainsi, en considérant les branches du compas comme des lignes, on prendrait A M égale à une des lignes données. Avec le rayon A M, on décrirait un arc indéfini M O ; du point M, avec une ouverture de compas égale à la seconde ligne donnée, on couperait cet arc en N, par un second petit arc ; on joindrait M N, et la construction serait terminée.

Tracer une Hélice ou Spirale cylindrique.

Un cylindre droit, c'est-à-dire, dont les bases sont perpendiculaires à la direction de son axe, produit un rectangle lorsqu'on en développe la surface. Si l'on divise, en parties égales, les cotés O H, $a\,i$ (*fig*. 19), qui représentent la longueur du cylindre, et qu'après avoir mené les diagonales H h, G g, F f, etc.

ment, de manière que *a i* vienne s'appliquer sur H *o* ; le point *h* tombera sur le point G ; le point *g*, sur le point F, etc., et les diagonales ne formeront plus qu'une seule ligne spirale contournée autour du cylindre. C'est cette courbe que l'on nomme hélice ou spirale cylindrique. On aurait pu la décrire en fixant le cylindre H *a* sur le tour, et en lui présentant une pointe qui, pour chaque révolution du cylindre, se serait avancée parallèlement à son axe d'une quantité G H. On conçoit que, si une pointe tournant autour d'un cylindre, et s'avançant régulièrement dans le sens de l'axe de ce cylindre, produit une ligne spirale, un instrument triangulaire, qui entaillerait le cylindre, diviserait sa surface en creux et en reliefs, et formerait une *vis*. Une vis n'est donc autre chose qu'un cylindre sur la surface convexe duquel est enroulé un filet. On produirait ce qu'on appelle un *écrou*, si l'on avait un creux cylindrique, et que l'on enroulât le filet autour de sa surface concave.

Rien n'est plus facile que de tourner le filet à droite ou à gauche, et de produire des vis ou des écrous tournés dans l'un ou l'autre de ces deux sens.

Escaliers en *Vis pleine* et en *Vis à jour*.

L'hélice est le principe des escaliers en vis, que l'on pratique ordinairement dans des tours ou cylindres creux, mais que l'on isole aussi quelquefois. Pour les décrire, on doit connaître le diamètre de la tour, la hauteur de chaque révolution de l'escalier, et la hauteur de chaque marche. Supposons que le diamètre de la tour soit de 10 pieds, la hauteur de chaque révolution aussi de 10 pieds, et que la hauteur de chaque marche soit d'un demi-pied : il est évident que le nombre des marches sera de 20. Quant à leur largeur, contre les parois de la tour, elle sera le vingtième de la circonférence de la tour, plus la petite quantité dont chaque marche doit être recouverte par la suivante. Leur longueur sera de 5 pieds ; et, en se superposant l'une à l'autre, au centre de la tour, elles formeront une espèce de cylindre que l'on appelle le *noyau* de l'escalier. Ces sortes d'escaliers sont appelés en *vis pleine* (*fig.* 20).

Les escaliers en *vis à jour* ne diffèrent des précédens qu'en ce qu'ils n'ont pas de noyau, et que les marches, au lieu de se prolonger jusqu'au centre, se terminent à un cercle qui a le même centre que celui qui sert de base à la tour. Quelquefois ces escaliers sont isolés, au lieu de s'élever le long des parois intérieures d'une cage cylindrique. Alors on les garnit de deux rampes, l'une sur le bord extérieur, et l'autre sur le bord intérieur (*fig.* 20). Le tracé des escaliers en vis à jour n'est pas moins facile que celui des escaliers en vis pleine. On décrit la forme des marches en traçant un cercle égal à la base du cylindre creux dans lequel doit s'élever l'escalier. On divise ensuite ce cercle en autant de parties égales qu'il doit y avoir de marches dans une révolution, et on a la forme des marches pour un escalier en vis pleine. Il ne reste plus alors qu'à séparer de ces marches, par un cercle concentrique au premier, toute la partie qui avoisine le noyau, en leur laissant une longueur convenable. Il n'est pas nécessaire de rappeler qu'en construisant les marches pour les mettre en place, on doit les faire plus larges que le tracé, de toute la quantité dont elles se recouvrent les unes les autres.

Moyens de tracer une Ellipse.

L'ellipse (*fig.* 21) est une sorte de cercle allongé, d'après de certaines règles, de telle sorte que le plus grand de ses diamètres et le plus petit se coupent mutuellement en parties égales et à angles droits. Le point de leur intersection est appelé centre de l'ellipse ; et chacun d'eux coupe l'ellipse en deux parties parfaitement égales, susceptibles de se superposer. Toutes les lignes, telles que D E, qui passent par le centre, coupent aussi l'ellipse en deux parties égales ; mais, pour que la superposition de ces parties puisse avoir lieu, il faut faire faire une espèce de révolution à l'une d'elles, et porter le point E de la partie E B D, sur le point D de la partie D A E.

Sur le grand diamètre de l'ellipse, il y a deux points, un de chaque côté du centre, dont les propriétés sont telles, qu'en les joignant par des lignes à quelque point de la circonférence que ce soit, la somme des lignes aboutissant à ces divers points de la circonférence est toujours la même. Les points du grand axe qui jouissent de ces propriétés, se nomment *foyers*. D'après cela, on pourrait toujours tracer une ellipse dont on connaîtrait les foyers ; mais si l'on ne connaissait aucun des deux axes, la quantité d'ellipses que l'on pourrait tracer avec les mêmes foyers serait infinie. En effet, supposons que l'on voulût tracer une ellipse sur le terrain, et que ses foyers fussent distans de 6 pieds, on n'aurait qu'à prendre une corde de 8, 9, 10, ou 20 pieds, etc. ; à fixer les extrémités de cette corde aux foyers ; à placer une pointe dans l'angle formé par ses deux parties, et à décrire une circonférence en faisant varier continuellement la longueur des côtés de l'angle ; cette circonférence serait une ellipse.

Si les deux foyers étaient donnés avec l'un des deux axes, par exemple le plus grand, on se porterait successivement aux deux foyers, et avec un rayon égal à la moitié du grand axe, on décrirait des arcs qui se couperaient aux extrémités du petit axe. Si l'on avait donné les deux foyers et le petit axe, on disposerait la ligne qui représente la distance des foyers, et celle qui représente le petit axe, de manière qu'elles se coupassent à angle droit et en deux parties égales, et l'on aurait la longueur du grand axe en doublant la distance qui séparerait les extrémités du petit axe de chaque foyer.

Si l'on ne connaissait pas les foyers, et que l'on se proposât de décrire l'ellipse, en connaissant seulement ses deux axes, on disposerait ces axes de manière qu'ils se coupassent à angle droit et en deux parties égales; après quoi des extrémités du petit axe, et avec un rayon égal à la moitié du grand, on décrirait des arcs qui couperaient le grand axe au point des foyers. Alors il ne resterait plus, pour décrire l'ellipse, qu'à prendre une corde que l'on ployerait en angle, de manière que le sommet de l'angle se trouvât à l'une des extrémités du petit axe, pendant que ses bouts seraient fixés aux foyers, et à tracer une circonférence, avec une pointe ou un crayon, suivant le plan sur lequel on opérerait, en faisant varier progressivement les côtés de l'angle.

Compas à Ellipse.

On trace ordinairement les ellipses sur les plans de petite dimension, à l'aide d'un instrument qui a été appelé *compas à ellipse*, et qui consiste dans deux coulisses qui se coupent à angle droit, telles que CD, EF (*fig.* 22), et dans une alidade fendue dans sa longueur, et qui porte les pointes 1, 2, 3, que l'on peut fixer à des distances variables au moyen de vis. Or, voici comment on s'y prend pour opérer : on fixe les pointes ou coulisseaux 1 et 3, de manière que leur distance soit égale à la moitié du grand axe donné, et la pointe 2 de manière qu'elle soit distante de la pointe 1 de la moitié du petit axe. La pointe 1 est garnie d'un crayon qui doit décrire l'ellipse, et les pointes 2 et 3, fixées à l'alidade, glissent librement dans les coulisses rectangulaires, de telle sorte cependant que la pointe 2 ne doit jamais sortir de la coulisse CD, ni la pointe 3 de la coulisse EF. Les choses étant dans cet état, on porte la main à la pointe 1, où est le crayon, et, en la faisant avancer d'un côté ou de l'autre, on décrit l'ellipse. On conçoit, en effet, qu'en allant vers B, par exemple, la pointe 3 est forcée de s'élever le long de E F, tandis que la pointe 2 marche un peu vers B. Le crayon étant arrivé au point B, la pointe 3 s'engage dans la partie supérieure de E F, tandis la pointe 2 retourne vers C, et l'ellipse décrite réunit les conditions demandées.

L'ellipse dont nous venons de parler est l'ellipse régulière, telle que celle qui est produite dans le cône lorsqu'on le coupe par un plan incliné à son axe. On donne le nom d'*ellipses irrégulières*, *ellipsoïdes* ou *ovales*, à des courbes formées par des arcs de cercle tracés avec des rayons différens. Celle de ces courbes qui offre le moins d'inconvéniens dans son emploi pour les constructions, se trace en divisant le grand axe donné en trois parties. Ensuite, des extrémités de la partie du milieu, comme centre, et avec un rayon égal au tiers de l'axe, on décrit des circonférences qui se coupent; alors de ces points d'intersections, comme centres, et avec un rayon égal au diamètre des cercles, on décrit des arcs qui joignent ces cercles et forment une ellipse irrégulière avec le reste de leur circonférence, comme on le voit dans la *fig.* 14, 23.

Dans le cas de l'ellipsoïde précédent, le petit axe est toujours subordonné au grand ; mais lorsqu'on donne à la fois le grand axe et le petit, il faut employer une autre méthode. Ainsi, soit proposé de tracer l'ovale dit en *anse de panier* (*fig.* 24), dont le grand axe est AB, et D T la moitié du petit. On décrira deux circonférences sur AB, avec un rayon arbitraire, mais moindre que DF : on prendra sur DF, une grandeur F N, égale au rayon A C, on joindra C N, et on élèvera sur son milieu une perpendiculaire que l'on prolongera jusqu'à la rencontre, de FD prolongé. Du point O de rencontre on tirera O E, passant par le centre C, et la ligne O E sera le rayon du cercle propre à terminer l'ellipsoïde. En tirant DM égale à DF, et en prenant M H égale à OF, on aura en H le centre de l'axe qui devra joindre les deux cercles de l'autre côté.

Tracer une Parabole.

On appelle *parabole* une courbe produite par l'intersection d'un plan qui coupe un cône parallèlement à un de ses côtés. Cette courbe a cela de remarquable, que tous ses points, considérés isolément, se trouvent également distans d'un point intérieur de la parabole qu'on nomme *foyer*, et d'une ligne nommée *directrice*, qui est au dehors de la parabole et qui est perpendiculaire à son axe. Ainsi l'on a (*fig.* 25), G F égale G*g*, H F égale H*h*, I F égale I*i*, etc. Maintenant voici comment l'on doit opérer pour décrire une parabole dont le sommet doit être en A, par exemple, et le foyer en F. On tirera l'axe indéfini A O; on prendra A D égale à A F, et l'on élèvera D C perpendiculaire au point D. On élèvera ensuite sur D O une multitude de perpendiculaires à des points pris à volonté; et pour tracer la parabole, on prendra une ouverture de compas égale à D F, et du point F, comme centre, ou coupera la perpendiculaire F G en G, par un petit arc. La parabole devra passer par ce point d'intersection. On prendra ensuite une ouverture de compas égale à D i, et du point F, comme centre, on coupera la perpendiculaire H i en H. Le point H sera un nouveau point par lequel passera la parabole. Ou déterminera de la même manière le point I et le point K; on en fera autant de l'aute côté de l'axe, et on donnera à la parabole telle longueur qu'on voudra.

Les droites F I, F H, F K, qui vont du foyer à divers points de la courbe sont appelées les *rayons vecteurs* de la parabole.

Tracer une Hyperbole.

Si l'on suppose deux cônes égaux opposés l'un à l'autre par leur sommet, et si on les coupe par un plan parallèle à leur axe, on aura deux courbes, une dans chaque cône, qui seront parfaitement égales, mais opposées dans leur direction; ces courbes sont appelées *hyperboles*. Les propriétés de l'hyperbole sont assez saillantes pour que l'on puisse la tracer aisément, après les avoir remarquées. En effet, en considérant isolément tous les points de cette courbe, la différence des lignes menées de chacun de ces points à son foyer et à celui de l'hyperbole opposée, est toujours égale. Ainsi (*fig* 26) on a constamment B*f* moins BF égale C*f* moins C F égale D*f* moins D F. Maintenant supposons que l'on veuille décrire une hy-

perbole dont on connaîtra les foyers F f,
et un point quelconque, par exemple B.
On tirera F f et B F, et l'on soustraira la
plus petite de ces lignes de la plus grande.
Ensuite on prendra une ouverture de
compas quelconque, telle que fc, avec
laquelle on décrira un arc en c, en se pla-
çant au foyer extérieur f; après quoi on
soustraira de fc, la ligne fg égale fe différence de B f et de BF, et avec C g du point
F, comme centre, on coupera fc. Le
point d'intersection sera un point par
lequel passera la courbe. On pourra déterminer de la même manière, le point D
et tous les autres points de la courbe.
On prendra des grandeurs à volonté pour
rayons vecteurs extérieurs, c'est-à-dire,
pour aboutir d'un point quelconque de
la courbe au foyer extérieur, et ces mêmes
grandeurs desquelles on soustraira la
différence fc serviront de rayons vecteurs
intérieurs.

Tracer une Spirale.

La spirale est une courbe qui tourne sur
elle-même, et dont les spires s'éloignent
d'une quantité toujours égale. Il est très-
aisé de la décrire en connaissant la dis-

tance qu'il doit y avoir entre chaque spire. En effet, soit A B cette distance prise sur une ligne indéfinie F G (*fig.* 27). On divisera A B en deux parties égales, et avec O B moitié de A B, on décrira la demi-circonférence B A. Ensuite du point B comme centre, et avec A B pour rayon, on décrira la demi-circonférence A D; après quoi du point O, comme centre, et avec O D pour rayon, on décrira la demi-circonférence D C. On continuera de la sorte, en prenant alternativement pour centre le point O et le point B, et l'on donnera à la spirale telle étendue que l'on voudra.

Mener une Tangente à un Cercle.

Si l'on se proposait de mener une tangente au cercle donné A D E, à un point A (*fig.* 28) pris sur la circonférence, on tirerait le rayon C A aboutissant à ce point, après quoi on élèverait la perpendiculaire A B à l'extrémié de ce rayon. Cette perpendiculaire serait la tangente demandée, parce qu'elle ne toucherait la circonférence qu'à l'extrémité du rayon. Tous ses autres points se trouvant plus éloignés du centre, seraient hors du cercle.

Si le point donné était hors du cercle, en
B, par exemple, et que de ce point, on
voulût mener une tangente, on joindrait
ce point et le centre par la ligne droite
B C, et du point D milieu de cette ligne,
comme centre avec un rayon égal à la
moitié de la ligne, on décrirait une circonférence qui couperait la première aux
points A et E. Les lignes A B, B E, menées du point donné B à ces points d'intersection seraient des tangentes.

Si l'on se proposait de trouver le centre
du cercle A B D (*fig.* 29), on tirerait
deux cordes quelconques, non parallèles
A B, C D, et on élèverait sur le milieu
de ces cordes les perpendiculaires O E,
O F; ces perpendiculaires se rencon-
treraient au centre du cercle.

En opérant de la même manière, on
trouverait le centre d'un arc quelconque.

*Faire passer une Circonférence par trois
points donnés, non en ligne droite.*

Pour faire passer une circonférence
par trois points donnés, B, D, E,
(*fig.* 30), non en ligne droite, on joint
ces points par les lignes B D, D E, et l'on
élève une perpendiculaire sur le milieu

de chacune. Du point de rencontre des perpendiculaires C F, C G, comme centre, et avec un rayon égal à C D, on décrit un cercle, et ce cercle satisfait aux conditions exigées. En effet, il passe par les trois points donnés, les lignes menées de ces points au centre étant des obliques égales.

PROBLÈMES

RELATIFS AUX SURFACES.

Construire un Triangle dont on connaît les trois côtés.

Pour construire un triangle dont on connaît les trois côtés, A B, B C, A E, (*fig.* 31) on commence par tirer la ligne A B égale à un de ces côtés; ensuite des extrémités de cette ligne, comme centre, et avec les côtés A B, B C, pour rayons, on décrit deux arcs qui se coupent en C. On joint les extrémités de la ligne avec le point d'intersection, et le triangle est construit.

Construire un Triangle dont on connaît un côté et les deux angles adjacens.

Pour construire un triangle en connaissant un de ses côtés, AB, et les deux angles adjacens, A et B (*fig.* 32), on commence par tirer une ligne DE, égale au côté donné. Sur cette ligne, on fait ensuite deux angles D et E, égaux aux angles donnés, et les côtés de ces angles DF, EF, étant prolongés jusqu'à leur point de rencontre, en F, le triangle se trouve construit.

Construire un Triangle rectangle dont on connaît l'hypothénuse et un des autres côtés.

Pour construire un triangle rectangle dont on connaît l'hypothénuse AB (*fig.* 33), et un des autres côtés AD, on commence par prendre la ligne EF, égale à ce dernier côté. A l'extrémité F de cette ligne, on élève la ligne perpendiculaire indéfinie FG, et du point E, comme centre et avec un rayon égal à l'hypothénuse, on décrit un arc qui coupe la perpendiculaire FG au point

G. On tire la ligne EG pour joindre ce point d'intersection avec le centre, et on a le triangle demandé.

Construire un Carré sur une ligne droite donnée.

Pour construire un carré sur une ligne droite donnée, AB (*fig.* 34), on élève les perpendiculaires AC, BD, aux extrémités de cette droite, on prend sur ces perpendiculaires les longueurs AC, BD égales au côté, AB, on joint les points C et D, et l'on a le carré demandé.

Construire un Rectangle dont on connaît deux côtés non parallèles

On procède pour la construction du rectangle de la même manière que pour celle du carré; seulement après avoir élevé des perpendiculaires aux extrémités d'un des côtés donnés, on ne prend sur ces perpendiculaires que la longueur marquée par l'autre côté ; on joint ensuite les points déterminés par cette longueur sur chaque perpendiculaire, et l'on a le ectangle demandé.

Construire un Parallèlogramme dont on connaît deux côtés non parallèles, avec l'angle qu'ils forment entr'eux.

Pour construire un parallèlogramme dont on connaît deux côtés A B, A C, (*fig.* 35) non parallèles, avec l'angle A qu'ils forment entr'eux, on commence par tirer une ligne B F égale au côté A B, et par faire à l'extrémité B, de cette ligne, l'angle B égal à l'angle donné. A l'autre extrémité F on mène FD parallèle au côté de l'angle que l'on vient de faire, et l'on prend sur cette parallèle F D, et sur le côté BC, les longueurs B C, F D égales au second des côtés donnés A C; on joint les points C et D par une ligne, et le parallèlogramme est construit.

Construire un Hexagone dont les côtés soient égaux à une ligne donnée.

Pour construire un hexagone dont les côtés soient égaux à la ligne donnée C A (*fig.* 36), on décrit une circonférence avec cette ligne, et on porte ensuite 6 fois cette ligne sur la circonférence. La circonférence se trouve divisée en 6 parties égales, et l'hexagone est formé.

Construire un Polygone régulier quelconque dont les côtés soient égaux à une ligne donnée.

Pour construire un polygone régulier de cinq côtés par exemple, ou un pentagone régulier, dont les côtés devront être égaux à A B (*fig.* 37), on portera A B sur une droite indéfinie, et du point A, avec A B pour rayon, on décrira une demi-circonférence sur cette droite. On divisera ensuite cette demi-circonférence en autant de parties que le polygone doit avoir de côtés, et l'on tirera une ligne du point A à la seconde division. Sur le milieu de cette ligne et de A B, on élèvera des perpendiculaires qui se couperont en O, et de ce point comme centre, on décrira une circonférence passant par la seconde division, par A et par B. Du point A on tirera ensuite les lignes A D et A C, passant par les divisions 3 et 4, et les cordes B C, C D, D 2, etc., seront les côtés du pentagone demandé.

Si le polygone avait un plus grand

nombre de côtés , on diviserait la demi-circonférence en plus de parties ; mais la ligne analogue à la ligne A 2 devrait toujours être menée à la seconde division.

Inscrire un Hexagone et un Triangle équilatéral dans un Cercle donné.

Pour inscrire un hexagone dans le cercle donné A B D E, (*fig.* 45.), on commence par chercher le centre du cercle, et ensuite on porte le rayon C A, sur la circonférence. La circonférence se trouve divisée ainsi en 6 parties. On tire les cordes qui soutendent ces 6 arcs, et on a l'hexagone demandé. Pour avoir le triangle équilatéral , il suffit de joindre les sommets de l'hexagone deux à deux par des lignes droites.

Dans un Cercle donné, inscrire un Carré et un Octogone.

Pour inscrire un carré dans un cercle donné A B C D (*fig.* 38), on cherche le centre de ce cercle, et l'on tire ensuite deux diamètres qui se coupent à angle droit. On joint les extrémités de ces diamètres et l'on a le carré demandé. Pour avoir l'octogone, on divise chacun des côtés du carré en deux par des perpendiculaires prolongées jusqu'à la circonférence ; la circonférence se trouve de la sorte divisée en huit, tant par les diamètres primitivement tirés, que par les nouvelles perpendiculaires ; on joint ces 8 points de division par des lignes, et l'octogone est décrit.

En abaissant des perpendiculaires sur le milieu des côtés de l'octogone, on diviserait la circonférence en 18 parties et l'on pourrait inscrire de cette manière un polygone régulier de seize côtés. La même méthode servirait à inscrire des polygones réguliers de 32, de 64, de 128 côtés, etc. Si l'on opérait à l'égard de l'hexagone comme on vient de le faire à l'égard de l'octogone, on obtiendrait des polygones inscrits de 12, 24, 48 cotés, etc.

Dans un Cercle donné , inscrire un Po-lygone d'un nombre quelconque de côtés.

Lorsque l'on se propose d'inscrire, dans un cercle donné, un polygone d'un nombre quelconque de côtés, on tire dans ce cercle deux diamètres qui se coupent à angle droit, on divise l'un en autant de parties que l'on veut donner de côtés au polygone, et on prolonge l'autre d'une quantité égale aux trois quarts du rayon ; ensuite de l'extrémité de ce diamètre prolongé, on tire une ligne qui passe par la seconde division de l'autre diamètre et qui aboutit jusqu'à la circonférence , et l'arc compris entre l'extrémité de cette ligne et l'extrémité du diamètre qu'elle coupe, est l'arc qui a pour corde le côté du polygone demandé. Ainsi pour in-scrire un ennéagone, ou polygone à neuf côtés , dans la circonférence donnée $ABC9$ (*fig.* 59), on tire les deux dia-mètres $A9$, $C4$ qui se coupent à angle droit, on divise le diamètre $A9$ en neuf parties égales, et l'on prolonge le diamè-

4 *

tre C4 des trois quarts du rayon O4. Ensuite de l'extrémité de C4 ainsi prolongée,
on tirera la droite B7 qui passe par la seconde division de A9, et la corde AB est le
côté de l'ennéagone demandé.

Division du Cercle.

L'inscription des polygones d'un nombre quelconque de côtés, ne peut se
faire sans que la circonférence se trouve
divisée en autant de parties que le polygone compte de côtés. Les méthodes
indiquées pour inscrire des polygones
peuvent donc servir lorsqu'il s'agit de
diviser la circonférence; mais quelquefois on peut éviter ces tâtonnemens et
procéder immédiatement par le calcul
à la division du cercle. Ainsi supposons
qu'un architecte voulût tracer les voussoirs d'une voûte en plein cintre, dont
le rayon serait 30 pieds. Le diamètre
étant de 60 pieds, la circonférence, en
suivant le rapport le plus généralement
adopté, serait de 188 pieds et demi, et
la demi-circonférence de 94 pieds un
quart. Chaque voussoir, si l'on voulait

en tracer 160, par exemple, devrait donc être le 160e de 94 pieds un quart; c'est-à-dire, avoir de large à l'intérieur de la voûte 7 pouces et trois quarts de ligne. La largeur des mêmes voussoirs à l'extérieur serait subordonnée à leur hauteur : ainsi s'ils devaient avoir 1 pied et demi de haut, il faudrait calculer le 160e d'une demi-circonférence ayant pour diamètre 63. Cette demi-circonférence serait de 99 pieds, et sa 160e partie de 7 pouces 5 lignes. Il est bon d'observer que la largeur de chaque voussoir à l'intérieur comme à l'extérieur de la voûte est une portion de courbe et non pas une ligne droite. Mais cette portion de courbe diffère très-peu de la ligne droite, et elle en diffère d'autant moins que l'on multiplie d'avantage le nombre des voussoirs.

Mesure des Surfaces.

Mesurer une surface, c'est chercher son rapport avec une surface connue. A cet effet on porte la surface connue sur la surface qu'on veut mesurer, et l'on voit si elle s'y trouve contenue un certain nombre de fois juste ou non. Les surfaces qui servent de mesure commune sont toujours des carrés d'une plus ou moins grande étendue, suivant que les surfaces qu'on veut mesurer sont plus ou moins étendues elles-mêmes. Nous allons voir comment on peut s'y prendre pour mesurer avec facilité les différentes surfaces.

Mesure du Carré.

Supposons qu'il s'agît de mesurer un carré dont le côté aurait 8 pieds de longueur. En divisant chaque côté en 8 parties, et en joignant les divisions correspondantes, la surface du carré se trouverait divisée en 64 carrés égaux, ayant chacun un pied de côté, ou en d'autres termes, elle se trouverait contenir 64 pieds carrés. On voit par là que pour avoir la surface d'un carré, il suffit de multiplier par lui-même le nombre qui représente la longueur d'un de ses côtés. Si cette longueur est exprimée en pieds, le produit indiquera le nombre de pieds carrés contenus dans le

carré qu'on veut mesurer; si elle est
exprimée en toises, en mètres, en dé-
camètres ou autre mesure quelconque,
le produit indiquera toujours combien
il faut de carrés formés par cette mesure pour équivaloir au carré total.

Mesure du Rectangle et du Parallélogramme.

Le rectangle ou carré long, se mesure
en multipliant ses deux côtés adjacens,
parce que ces côtés sont perpendiculaires
comme dans le carré; ainsi un rectangle
qui aurait un côté de 16 pieds, et un autre
de 4, aurait pour mesure 64 pieds carrés.
En comparant ce résultat avec celui que
l'on a trouvé dans la question précédente,
on voit qu'un rectangle dont la base
a 16 pieds et la hauteur 4, est équivalent à un carré dont le côté est 8
pieds; et l'on peut remarquer que cette
longueur 8 est moyenne proportionnelle
entre 4 et 16. D'où il suit que l'on peut
toujours construire un carré équivalent à
un rectangle donné. En effet, il suffit
de chercher la surface du rectangle et

de prendre la racine carrée de cette surface. Si le produit des deux côtés du rectangle n'était pas un nombre carré parfait, on en extrairait approximativement la racine, et l'on aurait le côté d'un carré différent aussi peu qu'on le désirerait du rectangle donné.

Pour trouver la mesure d'un parallélogramme, il suffit de considérer que si l'on élève une perpendiculaire à chaque extrémité de sa base et qu'on la prolonge jusqu'à la rencontre du côté parallèle à cette base, on détachera un petit triangle à une des extrémités du parallélogramme, tandis qu'à l'autre extrémité on en ajoutera un pareil. On pourra donc conclure de là que tout parallélogramme est équivalent au rectangle formé par sa base et par la perpendiculaire comprise entre cette base et le côté parallèle opposé, ou, en d'autres termes, par sa hauteur. Ainsi lorsque l'on voudra mesurer un parallélogramme, on multipliera un de ses côtés par la perpendiculaire comprise entre ce côté et le côté opposé ; le produit sera la surface cherchée. On voit que le parallélogramme pouvant être converti en un rectangle , et tout rectangle en un carré, il est facile de faire un carré équivalent à un parallèlogramme donné. Pour cela il suffit de multiplier la base du parallèlogramme par sa hauteur, et d'extraire la racine carrée du produit.

Mesure du Triangle.

Il est facile de remarquer, en considérant un triangle, que si, du sommet de deux de ses angles, on tire des parallèles aux côtés opposés à ces deux angles, on construit un parallèlogramme qui a même base et même hauteur que le triangle, mais qui a une surface double. On peut conclure de là que tout triangle est moitié d'un parallèlogramme de même base et de même hauteur , et a conséquemmant pour mesure le produit de sa base par la moitié de sa hauteur, ou de sa hauteur par la moité de sa base. Ainsi un triangle qui a une base de 15 toises et une hauteur de 8, a pour mesure 60 toises carrées. Le produit est le même, soit que l'on multiplie 15 par 4, ou 8 par 7 $^{1}/_{2}$; il n'est pas nécessaire de rappeler que la hauteur d'un triangle est la perpendiculaire menée du sommet de l'angle opposé sur le côté qui lui sert de base ou sur son prolongement.

Autre mesure du Triangle.

On peut encore trouver la mesure d'un triangle dont on connaît les côtés, en ajoutant ensemble ces côtés, et en soustrayant séparément de la moitié de leur somme la longueur de chacun d'eux. Après cela, on prend ces trois restes, on les multiplie l'un par l'autre, et ce produit est encore multiplié par la moitié de la somme des trois côtés. Alors il ne reste plus qu'à extraire la racine carrée du résultat pour avoir la superficie demandée. Ainsi, supposons qu'il s'agît de mesurer un triangle dont les côtés auraient l'un 15, l'autre 14, et le dernier 13 pieds de longueur. On ajouterait ces trois nombres ; on prendrait la moitié de leur somme 21, et on en soustrairait séparément 15, 14 et 13. Les trois restes 6, 7 et 8 seraient ensuite multipliés l'un par l'autre, et l'on multiplierait en outre leur produit 436 par 21. La multiplication donnerait pour résultat 7,056 dont la racine carrée 84 serait la superficie du triangle.

Mesure du Trapèze.

Le trapèze est un quadrilatère dont deux côtés sont parallèles, et qui est équivalent en surface au parallèlogramme de même hauteur, dont la base serait la demi-somme de la base du trapèze et du côté opposé ; d'où il suit que, pour mesurer un trapèze, il faut ajouter ses deux côtés parallèles, prendre la moitié de leur somme et multiplier cette moitié par la hauteur. Ainsi, pour mesurer le trapèze dont un des côtés parallèles serait 15, l'autre 11, et la hauteur 7 ; il faudrait ajouter 15 et 11, et multiplier 13, demi-somme de ces nombres, par 7. Le produit 91 serait la surface cherchée.

Mesure des Polygones réguliers et irréguliers.

Losque l'on se propose de mesurer des polygones réguliers, il faut considérer que ces polygones pouvant se diviser en autant de triangles égaux qu'ils ont de

côtés, leur surface est aussi facile à déterminer que celle des triangles qui les composent. En effet, ces triangles ayant pour mesure le produit de leur base par la moitié
de leur hauteur, il s'ensuit que la mesure
des polygones sera la somme des mêmes
bases multipliées par cette même moitié de hauteur. Or, la somme des bases
n'est autre chose que le contour ou périmètre du polygone, et la hauteur des
triangles n'est autre chose que le rayon
du cercle inscrit dans le polygone; on
peut donc dire que la surface des polygones est égale à leur périmètre multiplié par la moitié du rayon du cercle
inscrit. Ainsi, pour trouver la surface
d'un hexagone dont le côté serait de 5
pieds, pendant que le rayon du cercle
inscrit serait de 4, on multiplierait le contour du polygone, ou 6 fois 5 pieds, par
la moitié de 4 ou par 2, et le produit 60
serait la surface cherchée.

Pour mesurer les polygones irréguliers, il faut les diviser en triangles en
tirant des diagonales de l'un des sommets à tous les sommets opposés; on
mesure ensuite séparément tous ces
triangles, et leur somme est la surface
du polygone.

Mesure du Cercle.

Ce que nous avons dit de la mesure des polygones réguliers, peut être appliqué à la mesure du cercle ; car le cercle n'est autre chose qu'un polygone d'un nombre infini de côtés. En conséquence, pour trouver la mesure du cercle, on n'a qu'à multiplier sa circonférence par la moitié du rayon ; et le produit est la surface cherchée. On voit par là qu'il est toujours facile de construire un rectangle ou un carré équivalant, à très-peu de chose près, à un cercle donné. Nous disons à très-peu de chose près, parce que le rapport de la circonférence au diamètre, ou au rayon, ne pouvant être apprécié justement, il s'ensuit que la surface du cercle ne peut être connue que d'une manière approximative. De là, l'inutilité des efforts que l'on ferait pour trouver une surface carrée équivalente à un cercle, ou en d'autres termes : *la quadrature du cercle.* Cette opération ne pourrait avoir pour résultat qu'une approximation qui différerait aussi peu de la vérité qu'on le voudrait ;

mais qui en différerait cependant toujours.

Le rapport du diamètre à la circonférence dont on fait le plus d'usage dans les calculs qui ne demandent pas une précision minutieuse, est celui de 7 à 22, ou mieux de 24 à 75,38. Cela posé, un cercle qui aurait 75 mètres 38 centimètres de circonférence aurait de surface 6 fois 75,38 mètres, ou 452 mètres carrés 28 centièmes.

Mesure d'une portion de Cercle.

Ces portions de cercle sont des secteurs ou des segmens. On n'a pas oublié que les secteurs sont une partie de cercle comprise entre un arc et deux rayons, et que les segmens sont la surface comprise entre un arc et sa corde ou sous-tendante. Pour mesurer un secteur, il suffit de connaître le rapport de son arc avec la circonférence; il n'est plus besoin alors que de mesurer la surface du cercle et de prendre une partie quelconque de cette mesure comme le quart, le cinquième, le dixième, etc., selon que l'arc du secteur est le quart, le cinquième ou le dixième de la circonférence.

On pourrait aussi trouver immédiatement la surface du secteur, si, connaissant l'étendue de son arc, on connaissait en même tems la longueur du rayon. On multiplierait l'arc par la moitié de ce rayon et le produit serait la surface cherchée. Pour trouver la surface du segment, on commence par chercher celle du secteur dans lequel il est contenu. Ensuite on soustrait de la surface de celui-ci, celle du triangle qui a pour base la corde du segment, et pour côtés, les rayons qui bornent le secteur. La différence de ces deux surfaces est la mesure du segment.

Mesure de L'Ellipse.

Pour trouver la surface d'une ellipse, il suffit de savoir que cette surface est à celle du cercle qui aurait pour diamètre le petit axe de l'ellipse, comme le grand axe de cette ellipse est à son petit axe. Cela posé, cherchons la surface d'une ellipse dont le grand axe est de 50 pieds, et le petit de 35. Nous prendrons d'abord la surface d'un cercle ayant 35 pieds de diamètre. Cette surface est de 962 pieds carrés et $^1/_2$. La surface de l'ellipse sera donc le quatrième terme de cette proportion ; 35 : 5o :: 962 $\frac{1}{2}$: la surface de l'ellipse. En multipliant 962 $\frac{1}{2}$ par 5o , et en divisant le produit par 35 , on trouvera 1,375 qui sera la surface demandée.

On pourrait trouver encore la surface de l'ellipse en multipliant ses deux diamètres l'un par l'autre, et en prenant la moitié, le quart et le vingt-huitième du produit que l'on ajouterait ensemble : cette somme serait la surface cherchée. Ainsi , le produit de 5o par 35 est 1,750; et la moitié de ce nombre 875 étant ajoutée au quart 437 $\frac{1}{2}$, et au vingt-huitième 62 $\frac{1}{2}$, on a pour somme 1,375 qui est la surface cherchée.

Surfaces polygones semblables.

On appelle surfaces polygones semblables, des surfaces dont les angles sont égaux et les côtés homologues proportionnels. On entend par côtés homologues , les côtés qui sont situés de la même manière dans des figures semblables. Toutes les fois que des triangles ont les côtés homologues proportionnels, on peut conclure qu'ils sont semblables, parce que, dans les triangles, les angles

ne changent pas tant que l'on ne touche
pas aux côtés ; mais dans les autres polygones, il ne suffit pas, pour que l'on
puisse conclure la similitude, que les
côtés soient proportionnels, il faut encore que les angles soient égaux ; sans
quoi la figure pourrait changer.

Rapport des Périmètres des Surfaces semblables.

De la propriété qu'ont les figures semblables d'avoir leur côtés homologues
proportionnels, on peut inférer que la
somme des côtés homologues dans l'une
est à la somme des côtés homologues
dans l'autre, comme un côté quelconque
est au côté homologue ; ou en d'autres
termes, que dans les polygones semblables, les périmètres sont entre eux comme les côtés pris isolément ; mais ces
côtés étant entre eux comme les rayons
des cercles inscrits et circonscrits, à cause
de la similitude des triangles dans lesquels se divisent les polygones, on peut
dire encore que les périmètres des polygones semblables sont entre eux comme les rayons des cercles qui leur pour-
raient être inscrits ou circonscrits. Ajoutons encore que les cercles n'étant autre

chose que des polygones d'un nombre infini de côtés, on peut toujours dire des circonférences qu'elles sont entre elles comme leurs rayons.

Rapport des Surfaces semblables.

Nous avons dit, en parlant de la mesure des surfaces, que toutes les figures polygones pouvaient être converties en un carré équivalent. Or, considérons maintenant, pour simplifier, deux triangles semblables, dans chacun desquels la base serait égale à la hauteur. Ces triangles seraient moitié des carrés construits sur leurs bases, et conséquemment seraient entre eux comme ces carrés. Or, ces carrés sont des carrés de côtés homologues, et tous les côtés homologues sont entre eux dans le même rapport; il est donc permis de conclure que toutes les surfaces semblables qui sont entre elles comme les triangles dans lesquels elles se partagent, sont entre elles comme les carrés des côtés de ces triangles, ou, en d'autres termes, comme les carrés de leurs propres côtés homologues, et comme les carrés des rayons inscrits ou circonscrits.

En considérant la surface du cercle comme un polygone, on peut dire des cercles en général, qu'ils sont entre eux comme les carrés de leurs rayons ou de leurs diamètres.

La connaissance des rapports des surfaces semblables est souvent utile, parce qu'elle évite la peine de mesurer ces surfaces pour les comparer. Ainsi, deux hexagones dont l'un aurait des côtés de 5 pieds pendant que l'autre les aurait de 9, seraient entre eux comme 25 à 81. Il en serait de même de deux triangles, de deux pentagones, et en général, de deux figures semblables quelconques dont les côtés homologues seraient dans le même rapport. Quant aux cercles, on peut trouver aussi avec facilité le rapport de leurs surfaces lorsqu'on connaît leurs rayons, en élevant ces rayons au carré, et en comparant : ainsi, les surfaces de deux cercles, dont l'un a pour rayon 7 et l'autre 9, sont entre elles comme 49 et 81, tandis que le rapport de leur circonférence est de 7 à 9. La différence du rapport des périmètres et du rapport des surfaces, est une chose à laquelle les commençans doivent faire une attention particulière ; car, dans le monde on voit une multitude de personnes, d'ailleurs fort ins-

5 *

truits, être tentées de dire qu'une surface, dont les côtés sont doubles de ceux
d'une autre surface, n'est qu'une surface
double, tandis que c'est une surface
quadruple ; 2 ayant pour carré 4, tandis que 1 a pour carré 1.

*Tracer une figure polygone égale à une
autre, ou simplement symétrique.*

Pour tracer une figure polygone égale
à une autre, on tire une ligne égale à un
des côtés de la figure qu'on veut retracer ;
sur cette ligne on fait des angles égaux
à ceux qui se trouvent sur le côté homologue dans l'autre figure ; on prend sur
les côtés de ces angles des grandeurs
égales aux côtés qu'on veut rapporter,
et l'on continue de construire le polygone en traçant successivement des angles et des côtés égaux à ceux de la figure
qu'on représente. Cette manière d'opérer est très-praticable sur le terrain ;
mais, lorsqu'on a besoin d'une grande
exactitude, il faut vérifier plusieurs fois
les résultats que l'on obtient.

Si la nature ou la position de la figure
le permettait, on pourrait suivre une
autre méthode. De tous les angles sail-

lans ou rentrans de cette figure, on tirerait des parallèles se dirigeant d'un même côté ; on ne laisserait à toutes ces
parallèles qu'une même longueur ; on
joindrait leurs extrémités par des lignes,
et l'on aurait une figure égale à la figure
donnée pour modèle (*fig.* 40).

Si, après avoir mené les parallèles
dont nous venons de parler, on les cou-
pait par une perpendiculaire, en leur
laissant ensuite autant de longueur d'un
côté de la perpendiculaire que de l'autre,
on aurait, en joignant leurs extrémités,
une figure qui serait à la vérité égale à
la première, mais qui ne pourrait lui
être superposée qu'après avoir été ren-
versée. Cette sorte d'égalité est appelée
égalité par symétrie. On s'en fait une
idée en songeant à un dessin et à la
planche qui a servi à l'imprimer.

Mesure de la surface convexe d'un Prisme.

On se rappelle que nous avons donné
le nom de prismes à des solides dont les
deux faces sont des polygones égaux,
et les faces latérales des parallélogrammes. On conçoit aisément que, si l'on

veut mesurer la surface convexe de cette espèce de solide, cette surface doit se composer de celles de tous les parallélogrammes dont elle est formée ; or, ces parallélogrammes ont tous pour hauteur celle du prisme lorsqu'il est droit, et pour base un des côtés du polygone qui lui sert de base. Leur somme, ou la surface convexe du prisme droit, a donc, pour mesure la hauteur de ce même prisme, multipliée par la somme des côtés, ou le périmètre du polygone qui lui sert de base. Quand le prisme est oblique, c'est-à-dire, lorsque ces faces ne sont pas perpendiculaires au plan de sa base, sa hauteur n'est pas la même que celle des parallélogrammes qui forment son contour, et alors, pour avoir sa surface convexe, il faut multiplier la hauteur d'une de ces arètes par le contour du polygone formé par un plan, qui couperait le prisme à angle droit.

Mesure de la surface convexe d'un Cylindre.

Le cylindre pouvant être considéré comme un prisme reposant sur des polygones d'un nombre infini de côtés, il s'ensuit que la surface convexe d'un cylindre droit peut s'obtenir comme celle d'un prisme droit, en multipliant la circonférence du cercle qui lui sert de base par sa hauteur ou par son côté. Quant au cylindre oblique, on obtient sa surface convexe en multipliant la hauteur de cette surface par la circonférence du cercle qui couperait le cylindre à angle droit.

Mesure de la surface convexe d'un Cylindre dont un des bouts est coupé par un plan oblique à l'axe.

Si l'on voulait mesurer la surface convexe d'un cylindre droit dont un des bouts serait coupé par un plan oblique, on commencerait par mesurer cette surface jusqu'à l'endroit où commencerait la section oblique. Jusque-là tout serait trouvé très-facile, puisqu'il ne s'agirait que de mesurer la surface convexe d'un cylindre droit. Pour mesurer le reste, taillé en bec, on prendrait la plus grande hauteur du bec, et on multiplierait cette hauteur par la circonférence du cercle servant de base au cylindre. Le produit serait double de la surface convexe du bec cylindrique ; on en prendrait la moitié, et on l'ajouterait à la surface du cylindre déjà mesuré. La somme serait la surface cherchée.

On pourrait mesurer en une seule opération la surface convexe d'un cylindre de cette espèce, en prenant la demi-somme de la plus grande et de la moindre hauteur de ses côtés, et en multipliant cette demi-somme par la circonférence du cercle servant de base au cylindre.

Mesure de la surface convexe d'une Pyramide.

On trouve aisément la surface convexe d'une pyramide, en ajoutant la surface de tous les triangles dont elle est formée ; mais lorsque cette pyramide est droite et qu'elle a pour base un polygone régulier, alors, comme tous les triangles qui forment sa surface convexe ont même hauteur, on peut mesurer immédiatement cette surface, en multipliant le périmètre du polygone qui sert de base à la pyramide par la moitié de la hauteur commune aux triangles

Mesure de la surface convexe d'un Cône.

Le cône droit pouvant être considéré comme une pyramide droite ayant pour base un polygone d'un nombre infini de côtés, il s'ensuit que sa surface convexe peut être obtenue en multipliant la circonférence du cercle qui lui sert de base par la moitié de la hauteur de son côté. Ainsi un cône droit qui aurait 18 pieds de côté, et qui reposerait sur un cercle dont la circonférence serait de 35 pieds, aurait pour surface convexe 35, multiplié par 9. moitié de 18, ou 315 pieds carrés.

Si le cône était oblique, c'est-à-dire, si ses côtés étaient inégalement inclinés sur le cercle qui lui servirait de base, il faudrait prendre la demi-somme du plus grand et du plus petit côté, et multiplier la moitié de cette demi-somme par la circonférence du cercle. Le produit serait la surface cherchée. Ainsi, supposons qu'un cône reposant sur un cercle dont la circonférence serait de 25 pieds, eût son plus grand côté de 20 pieds et son plus petit de 16 ; on multiplierait la circonférence 25 par la moitié de la demi-somme de 20 et de 16, ou par 9, et le produit serait la surface cherchée.

Mesure de la surface convexe d'un Cône tronqué.

Pour mesurer la surface convexe d'un cône tronqué, il faut ajouter ensemble la circonférence de la base du cône et de celle de la partie tronquée, et multiplier la moitié de cette somme par le côté du même cône. Le produit est la surface demandée.

Si le cône tronqué était oblique et que les bases fussent parallèles, il faudrait prendre également la moitié de la somme des deux circonférences : après quoi on multiplierait cette moitié par la demi-somme du grand et du petit côté ajoutés ensemble.

Mesure de la surface de la Sphère.

On trouve la mesure de la surface convexe de la sphère, en multipliant la circonférence d'un grand cercle de cette sphère par son diamètre. On appelle *grands cercles*, dans une sphère, les cercles qui sont formés par des plans passant par le centre de ce solide.

Supposons que nous ayons à mesurer la surface convexe d'une sphère de 35 pieds de diamètre : la circonférence d'un grand cercle de cette sphère sera de 110 pieds ; et en multipliant 110 par 35, on aura 3850 pieds carrés pour la surface demandée.

Mesure de la surface convexe d'une portion de Sphère.

Pour mesurer la surface convexe d'une portion de sphère, on compare sa hauteur ou la portion du diamètre qui lui correspond au diamètre entier ; et l'on dit: cette hauteur est au diamètre comme la surface convexe qu'on veut mesurer est à la surface de la sphère. Ainsi, supposons que la sphère ait 35 pieds de diamètre, comme dans l'exemple précédent, et que la hauteur de la surface convexe soit de 12 pieds, on dira : 35 est à 3850, comme 12 est à un quatrième terme que l'on trouvera en multipliant 3850 par 12, et divisant le produit par 35. Le résultat de l'opération donnera 1320, qui sera la surface de la

partie convexe que l'on voulait mesurer.

Mesure de la surface convexe d'une Zone sphérique.

On trouve la surface convexe d'une
zone sphérique, en multipliant sa hauteur par la circonférence d'un grand
cercle de la sphère. Ainsi la surface convexe d'une zone de 4 pieds de hauteur,
prise sur une sphère de 14 pieds de diamètre, sera de 176 pieds. C'est ce que
l'on trouve en multipliant 44, circonférence d'un grand cercle d'une sphère
ayant 14 pieds de diamètre, par la hauteur 4.

On appelle *zone* dans une sphère, la
surface comprise entre deux plans parallèles.

Mesure de la Surface d'un Ellipsoïde.

Un ellipsoïde est un solide produit
par la révolution d'une ellipse autour
d'un de ses axes ou diamètres. On mesure
la surface de cette espèce de solide en la
comparant à celle d'une sphère qui aurait pour diamètre le petit axe de l'el-

lipse; et l'on dit : le petit axe de l'ellipse est au grand axe, comme la surface de la sphère ayant pour diamètre le petit axe est à la surface de l'ellipsoïde.

Ainsi, supposons que le petit axe de l'ellipse soit de 35 pieds, et son grand axe de 45. On dira : 35 à 45, comme 3,850, surface de la sphère ayant pour diamètre 35 pieds, est au quatrième terme 4,960. On trouvera ce quatrième terme en multipliant 3,850 par 45 et divisant le produit par 35.

Cette proposition peut servir à mesurer des voûtes dont les plans sont ovales; car, quoique nous ne parlions ici que des surfaces convexes, on sent aisément que les surfaces concaves se mesurent de la même manière. Pour mesurer ces voûtes, on peut supposer qu'elles sont des moitiés d'ellipsoïdes.

PROBLÈMES

RELATIFS AUX SOLIDES.

Mesure de la Solidité du Prisme.

LORSQUE le prisme est un cube ou un parallèlipipède rectangle, on mesure sa solidité en multipliant sa base par sa hauteur, qui, dans ce cas, est toujours un de ses côtés. Ainsi, on trouverait la solidité d'un cube qui aurait six pieds de côté, en prenant le carré de six, pour avoir une des faces du cube, et en multipliant 36 par 6 ; le produit 216 serait la solidité cherchée. La mesure de la solidité d'un parallélipipède rectangle ne présenterait pas plus de difficulté ; ce serait toujours la base de ce parallèlipipède multipliée par sa hauteur.

Mesure d'un Parallélipipède rectangle coupé obliquement à sa hauteur.

Pour mesurer la solidité du parallèlipipède rectangle A G, (*fig.* 41) dont la base A B C D est opposée à une face oblique E F G H, il faudra commencer par multiplier cette base A B C D par la moindre hauteur A E, ou *e g.* On aura, de cette manière, la solidité du parallèlipipède A *g*, dont les deux faces A B C D, E F *g h* sont parallèles, et il ne restera plus qu'à trouver celle du coin ayant E F pour arête et *h g* G H pour base. La solidité de ce coin est la moitié de celle du parallèlipipède qui aurait la même base, ou en d'autres termes, la moitié de A B C D ou E F *g h* multiplié par *g* G. Il suffira donc d'ajouter ce nouveau produit à celui du parallèlipipède A *g* pour avoir la mesure totale du solide A G. Ainsi, en supposant que la surface de A B C D fût 20, la hauteur C *g*, 8 et la hauteur *g* G, 2, on aura pour mesure du solide A *g*, 8 fois 20 ou 160 ; quant à la solidité du coin *g* H, elle sera de la moitié de 20 multiplié par 2, ou de 20. La solidité du parallélipipède total A G sera donc 180.

On pourrait trouver immédiatement la solidité du parallélipipède A G en multipliant la base A B C D par la demi-somme de la moindre hauteur B F et de la plus grande C G.

Les prismes droits, quelle que soit la figure de leur base, ont également pour mesure, le produit de cette base par leur hauteur.

Mesure de la Solidité du Cylindre droit.

Les cylindres pouvant être considérés comme des prismes d'un nombre infini de côtés, on mesure leur solidité en multipliant leur base par leur côté. Ainsi, un cylindre ou une colonne ayant une base de 46 pieds carrés de surface, et ayant 15 pieds de hauteur, aurait pour mesure 15 fois 46 ou 690 pieds cubes.

Mesure de la solidité des Prismes et des Cylindres obliques.

La solidité des prismes et cylindres obliques s'obtient n multipliant leur base par leur auteur. Cette hauteur n'est pas, comme dans les prismes droits, la même chose que le côté; aussi doit-on commencer par la chercher, ce qui se fait en abaissant une perpendiculaire de la base supérieure sur la base inférieure qui lui est parallèle ou sur son prolongement.

Solidité des Pyramides et des Cônes.

Pour avoir la solidité des pyramides il faut multiplier le polygone qui leur sert de base par le tiers de leur hauteur; le produit sera la mesure cherchée. En comparant la solidité du prisme qui est égale au produit de sa base par sa hauteur avec celle de la pyramide qui n'est égale qu'au produit de sa base par le tiers de sa hauteur, on en conclura que toute pyramide est le tiers d'un prisme de même base et de même hauteur.

Les cônes, comme les pyramides, ont pour mesure le produit de leur base par le tiers de leur hauteur; et en les comparant au cylindre qui a pour mesure sa base par sa hauteur, on peut conclure que la solidité d'un cône quelconque est le tiers de celle du cylindre qui a même base et même hauteur.

Solidité des Pyramides et des Cônes tronqués.

Pour mesurer la solidité des pyramides et des cônes tronqués, il faut multiplier l'une par l'autre leurs deux faces parallèles opposées; extraire la racine carrée du produit, ajouter cette racine à la somme des deux faces, et multiplier ce résultat par le tiers de la hauteur. Le produit est la solidité cherchée. Ainsi supposons que la base d'une pyramide ou d'un cône soit 108, et la face parallèle opposée 48, on multipliera ces deux nombres l'un par l'autre et on extraira la racine carrée du produit 5184. Cette racine sera 72 qu'on ajoutera à la somme de 108 et de 48, et la somme totale 228 devra être multipliée par le tiers de la hauteur. Si la hauteur est 15, ce tiers sera 5, et la solidité du tronc de pyramide ou de cône sera 1140.

On pourrait trouver d'une autre manière, la solidité d'un tronc de pyramide ou de cône. A cet effet, on terminerait la pyramide ou le cône; on chercherait leur solidité après les avoir ainsi terminés, et on soustrairait de cette solidité celle de la petite pyramide ou du petit cône qu'il aurait fallu ajouter au tronc. La différence serait la mesure de la solidité de ce tronc.

Pour trouver quelle serait la hauteur totale d'une pyramide ou d'un cône dont on ne connaîtrait que le tronc, il faudrait poser une proportion dont les termes seraient différens selon que l'on opérerait pour un tronc de pyramide ou un tronc de cône; s'il s'agissait d'un tronc de pyramide, on dirait : un des côtés de la base inférieure du tronc, moins son homologue de la base supérieure, est à ce côté homologue, comme la hauteur du tronc est à la hauteur de la petite pyramide ; tandis que s'il s'agissait d'un tronc de cône, comme les cercles qui servent de base au tronc de cône n'ont pas de côtés, on dirait : le rayon de la base inférieure du tronc moins le rayon de la base supérieure, est à ce rayon, comme la hauteur du tronc de cône est à la hauteur du petit cône. Le quatrième terme de ces proportions donnerait par son addition avec le troisième, la hauteur totale de la pyramide ou du cône; on mesurerait la solidité de ces corps, on en soustrairait celle de la petite pyramide ou du petit cône, et la différence serait la solidité du tronc de pyramide ou de cône.

Solidité des Pyramides et des Cônes tronqués obliquement.

Pour mesurer la solidité des pyramides ou des cônes tronqués obliquement, c'est-à-dire coupés par un plan qui n'est pas parallèle à leur base, il faut mesurer la solidité de la pyramide ou du cône entier et soustraire de cette mesure celle de la partie supérieure en suivant les règles que nous avons indiquées. Le reste est la mesure cherchée.

Solidité des Polyèdres réguliers.

On appelle polyèdres réguliers, des solides dont toutes les faces sont des polygones réguliers. Il n'y a que cinq solides de cette espèce. Le tétraèdre, ou polyèdre à quatre faces, dont les faces sont des triangles équilatéraux ; le cube dont les faces sont des carrés et qui en a six ; l'octaèdre dont les faces sont des triangles équilatéraux et qui en a huit

Le dodécaèdre dont les faces sont des pentagones et qui en a douze, et l'icosaèdre dont les faces sont des triangles équilatéraux et qui en a vingt.

Le tétraèdre est une pyramide triangulaire que l'on a déjà appris à mesurer. Le cube présente encore moins d'embarras, puisque c'est un parallélipipède dont toutes les faces sont des carrés ; et l'octaèdre ne peut être non plus le sujet d'aucune difficulté puisqu'il peut être considéré comme la réunion de deux pyramides quadrangulaires égales reposant sur un carré dont le côté serait une des arêtes de l'octaèdre. Il ne reste donc plus qu'à chercher comment on pourrait mesurer le dodécaèdre et l'icosaèdre. Or, ces deux corps peuvent être considérés comme composés de pyramides égales ayant pour base les faces du polyèdre, et ayant leur sommet au centre du même corps. Leur mesure est donc la somme des mesures de ces pyramides ou la somme des faces du polyèdre multipliée par le tiers du rayon de la sphère inscrite. Ainsi la solidité d'un dodécaèdre, par exemple, dont le rayon aurait douze pieds, et dont chaque face serait un pentagone de 5 pieds carrés de surface, cette solidité, disons-nous, serait du tiers de 5 fois 12 ou de 20, pour chaque pyramide, et les 12 pyramides ensemble auraient pour mesure 240.

Cette méthode peut servir pour les polyèdres irréguliers toutes les fois que les pyramides dans lesquelles on les décompose, peuvent être considérées comme ayant un sommet commun, et que l'on connaît la distance de leur base à ce sommet, ou en d'autres termes leur hauteur : seulement il faut prendre séparément la solidité de chaque pyramide, et ajouter ensemble toutes ces mesures pour avoir celle du polyèdre entier.

Mesure de la Solidité de la sphère.

La sphère pouvant être considérée comme un polyèdre régulier d'un nombre infini de faces, sa solidité est égale à sa surface multipliée par le tiers du rayon. Or, comme sa surface égale celle de 4 grands cercles, on peut dire encore que sa solidité est égale à la surface de 4 grands cercles multipliée par le tiers du rayon, ou à un grand cercle multiplié par les 4 tiers du rayon ou les 2 tiers du diamètre.

Maintenant si l'on compare à la sphère le cylindre qui lui serait circonscrit et qui aurait même hauteur, on verra que la surface convexe de celui-ci étant égale à la circonférence du cercle qui lui sert de base multipliée par la hauteur ou le diamètre, cette surface est absolument la même que celle de la sphère. Quant à la solidité du cylindre, comme elle est le produit du cercle qui lui sert de base par la hauteur ou le diamètre, et que la sphère inscrite n'a pour mesure que le même cercle multiplié par les 2 tiers du diamètre, il s'ensuit que la solidité du cylindre est à celle de la sphère inscrite comme 3 à 2.

Rapport des Solides semblables.

On peut démontrer que les solides semblables sont entre eux comme les cubes des côtés homologues, en disant : une surface est à la surface semblable comme le carré d'un côté est au carré du côté homologue ; après quoi on multiplie cette proportion terme par terme par la proportion identique, un côté est à un côté, comme un côté est à un côté ; et on a : la surface multipliée par un

6 *

côté est à la surface semblable multipliée par le côté homologue, comme le cube d'un côté est au cube du côté homologue. Or les surfaces multipliées par un côté ou par une portion de côté, sont entre elles comme les solides, puisqu'elles en sont la mesure; donc les solides semblables sont entre eux comme les cubes des côtés homologues. Quant aux sphères, elles sont entre elles comme les cubes de leurs rayons.

Mesure des Portions de la Sphère.

Pour mesurer la solidité d'un secteur sphérique, il faut connaître le rapport de la surface de sa base avec la surface de la sphère; après cela, on cherche la solidité de la sphère, et on en prend le quart, le cinquième, le neuvième, etc., selon que la surface du secteur est le quart, le cinquième ou le neuvième de celle de la sphère. Le quotient est la mesure du secteur.

Pour trouver la solidité d'un segment sphérique, on commence pour chercher celle du secteur dont le segment fait partie; après quoi on soustrait de celle-ci, celle du cône droit qui repose sur la surface plane du segment. Le reste est la solidité du segment qu'on veut mesurer.

Pour trouver la solidité d'une zone sphérique, il faudra considérer si cette zone est appuyée ou non sur un grand cercle. Si elle est appuyée sur un grand cercle, comme C A B D (*fig.* 42, par exemple, il suffira de prendre la solidité de l'hémisphère A G B, et d'en retrancher le segment C G D; la différence sera la solidité de la zone cherchée. Si la zone n'est pas appuyée sur le diamètre, comme, par exemple, la zone E C D F, il faudra chercher d'abord la solidité du segment C D G, et retrancher de cette mesure celle du segment E G F, la différence sera la solidité de la zone E C D F.

Mesure de la Solidité d'un Ellipsoïde.

L'ellipsoïde est produit par la révolution d'une demi-ellipse autour d'un de ses axes. Pour le mesurer, il suffit de quadrupler la solidité du cône qui aurait pour base le cercle formé par le petit axe de l'ellipse, et pour hauteur la moitié du grand axe de la même ellipse. Le résultat exprime la solidité de l'ellipsoïde qu'on veut mesurer.

DU TRAIT,

ou

TRACÉ DE CHARPENTE.

—

Nous croyons ne pouvoir mieux faire, en terminant ce petit Traité de Géométrie pratique, que de donner une idée des principes à l'aide desquels on doit opérer lorsque l'on se propose de retracer un ouvrage de charpente de manière à pouvoir retrouver au besoin d'après le dessin, les dimensions de chaque partie. On conçoit qu'un dessin ordinaire, quelque bien exécuté qu'il fût, ne pourrait suffire, dans la plupart des circonstances, pour cet objet; aussi a-t-on recours à un mode de tracé particulier dont nous allons donner une idée.

Supposons, par exemple, qu'il s'agisse de représenter une solive qui serait suspendue dans une chambre parallélement à deux de ses murs et au sol, et voyons comment nous pourrions nous y prendre pour faire un tracé de cette solive de manière à pouvoir juger d'après ce tracé, quelle était la grosseur de la solive et en quelle place elle se trouvait.

Nous commencerions par conduire un fil à plomb, le long des faces latérales de la solive, et l'extrémité de ce fil à plomb tracerait sur le sol une figure pareille à celle que la solive décrirait si elle s'abaissait parallélement à sa direction et qu'elle pénétrât dans le sol. Ce dessin tracé, nous dirigerions une règle horizontalement le long de la face supérieure et de la face inférieure de la solive de manière que l'extrémité de notre règle pût tracer sur un des murs opposés un dessin pareil à la figure qui serait formée par la solive elle-même, si elle s'avançait vers le mur d'un mouvement bien uniforme et qu'elle y produisît une ouverture en le traversant.

Ces deux tracés, l'un sur le mur, l'autre sur le sol suffiraient pour retrouver à volonté la grosseur et la position de la solive que l'on se serait proposé de représenter ; mais il ne suffirait pas, pour que l'on pût juger si la solive n'était pas, par exemple, profondément sillonnée dans le sens de sa longueur. En effet, rien dans ce tracé ne le pourrait assurer; car on obtiendrait un tracé pareil sur les deux plans, si l'on substituait à la solive deux planches qui auraient la même largeur que ses faces et qui seraient emboîtées en croix dans le sens de leur longueur. On voit par là que, dans le cas dont il s'agit, deux plans ne suffiraient pas pour que l'on pût y déterminer toutes les parties d'une solive qui serait parallèle à l'une et à l'autre; il faudrait un troisième plan qui couperait à angle droit le plan vertical, comme serait, par exemple, un des deux murs restant de la chambre. Alors on appliquerait, le long de la solive, une règle que l'on prolongerait jusqu'au mur choisi, et en la conduisant successivement autour de la solive, on tracerait avec son extrémité sur le mur, une figure égale à la base de la solive. Au moyen des dessins tracés sur ces trois plans, il serait toujours facile de retrouver la forme et la position de la solive.

Il est des cas où l'on a besoin d'un

plus grand nombre de plans pour déterminer toutes les parties d'un objet un peu compliqué, comme une charpente peut l'être ; mais l'on se comporte toujours comme si l'on était dans une chambre carrée ou pentagonale, selon le nombre de plans dont on aurait besoin, et l'on représente sur chaque face les parties de l'objet qu'il est nécessaire d'y représenter, en n'oubliant pas que c'est par des lignes ou des plans abaissés verticalement que l'on détermine tous les tracés qui doivent se trouver sur le plan horizontal, et que c'est par des lignes ou des plans menés horizontalement que l'on détermine les tracés faits sur les plans verticaux.

Lorsque l'on rapporte un tracé de charpente sur le papier, on a recours à une convention pour distinguer les parties qui doivent être sur un plan horizontal de celles qui doivent être sur un plan vertical. A cet effet on tire une ligne que l'on suppose faire la séparation des deux plans, et l'on trace au-dessous de cette ligne tout ce qui devrait se trouver sur le plan horizontal, tandis qu'on trace au-dessus, tout ce qui devrait appartenir au plan vertical. Cette ligne représente alors sur le papier la ligne d'intersection du sol de la chambre et d'un de ses murs. Lorsque l'on a besoin de plusieurs plans verticaux, on trace alors plusieurs lignes sur le papier, et ces lignes qui représentent la rencontre des plans verticaux avec le sol, sont tracées de manière à faire entre elles des angles égaux à ceux que les plans verticaux auraient faits entre eux. Quant à ces plans, on les représente sur le papier, lorsqu'il y en a plusieurs, comme des rectangles qui ont pour base les côtés du polygone qui représente le plan horizontal. Ainsi, dans la supposition où l'on aurait besoin de 4 plans verticaux, on tracerait sur le papier 4 lignes égales si les plans étaient égaux, et qui se couperaient à angle droit, et au dehors de cette figure rectangulaire représentant le plan horizontal, on formerait 4 rectangles qui représenteraient les plans verticaux, et dont chacun aurait pour base une des lignes qui circonscrivent le plan horizontal.

Supposons maintenant qu'il s'agisse de rapporter sur le papier, en réduisant les proportions au centième, le tracé d'une solive de 5 mètres de long, d'un décimètre de large sur 2 d'épaisseur, et faisant un angle de 30 degrés avec le plan horizontal,

On commencera par tracer sur le papier un angle droit A (*fig*. 43), avec des côtés indéfinis, dont l'un, A D, représentera le plan horizontal, tandis que l'autre, A B, représentera le plan vertical. On fera sur un des points de A D, un angle de 30 degrés ; on tirera la ligne indéfinie D F, et sur cette ligne on prendra la portion D E égale à 5 centimètres. D E représentera la solive dans sa position, et les perpendiculaires E E', E C, détermineront les longueurs A E', C D qui seront le tracé de la solive sur les deux plans. Maintenant rapportons ce dessin de manière à pouvoir représenter la largeur et l'épaisseur de la solive. Pour cela, au lieu de représenter les deux plans A D, A par 2 lignes, comme nous venons de le faire ; nous supposerons qu'ils sont étendus de manière à ne plus former qu'un seul plan, et le point A qui représentait leur intersection pourra être représenté par la ligne A O (*fig*. 44), qui séparera le plan horizontal du plan vertical. Sur A O nous élèverons la perpendiculaire C E égale à A E', et sous A O nous mènerons C D aussi perpendiculaire, égale à C D ; cela posé il sera très-facile de représenter la largeur de la solive D E (*fig.* 43) ; comme cette solive a un décimètre de large, le tracé qui est au centième devra avoir un millimètre, et nous donnerons aux parties C E, C D (*fig.* 44), la largeur d'un millimètre. Maintenant il ne restera plus qu'à trouver l'épaisseur du même chevron. Cette épaisseur étant de 2 décimètres, nous pourrions la représenter par 2 millimètres, et indiquer à l'extrémité de C E ou de C D une longueur de 2 millimètres ; mais ce ne serait pas agir selon les principes, en effet les parallèles E E', 1 1 (*fig.* 43), menées de l'extrémité E de la solive E D, n'embrassent pas sur le plan vertical A B une hauteur égale à l'épaisseur de la solive. Il s'en faut de quelque chose parce que E' 1 est une perpendiculaire entre 2 parallèles et que E 1 est une oblique ; aussi on trouvera que E 1 égale seulement 16, dix millimètres ; et l'on portera cette longueur à la suite de C E (*fig.* 44),

Ce que nous avons dit suffit pour donner une légère idée de la manière dont on s'y prend pour les tracés de de charpente. Nous recommandons au lecteur de faire beaucoup d'essais en ce genre, et nous ne doutons pas qu'il ne finisse par acquérir de cette manière, l'habileté requise pour effectuer des tracés assez compliqués; au reste l'art du *trait de charpenterie* sera l'objet d'un traité particulier qui prendra place dans l'*Encyclopépie populaire*.

FIN.

TABLE

DES CHAPITRES.

—

PROBLÈMES RELATIFS AUX LIGNES.

PROBLÈMES RELATIFS AUX SURFACES.

PROBLÈMES RELATIFS AUX SOLIDES.

FIN DE LA TABLE.

Fig. 1.
Fig. 5.
Fig. 6.
Fig. 10.
Fig. 11.
Fig. 14.
Fig. 18.
Fig. 19.
Fig. 23.

Fig. 1.

Fig. 2.

Fig. 3.

Fig. 4.

Fig. 5.

Fig. 6.

Fig. 7.

Fig. 8.

Fig. 9.

Fig. 10.

Fig. 11.

Fig. 12.

Fig. 13.

Fig. 14.

Fig. 15.

Fig. 16.

Fig. 17.

Fig. 18.

Fig. 19.

Fig. 20.

Fig. 21.

Fig. 22.

Fig. 23.

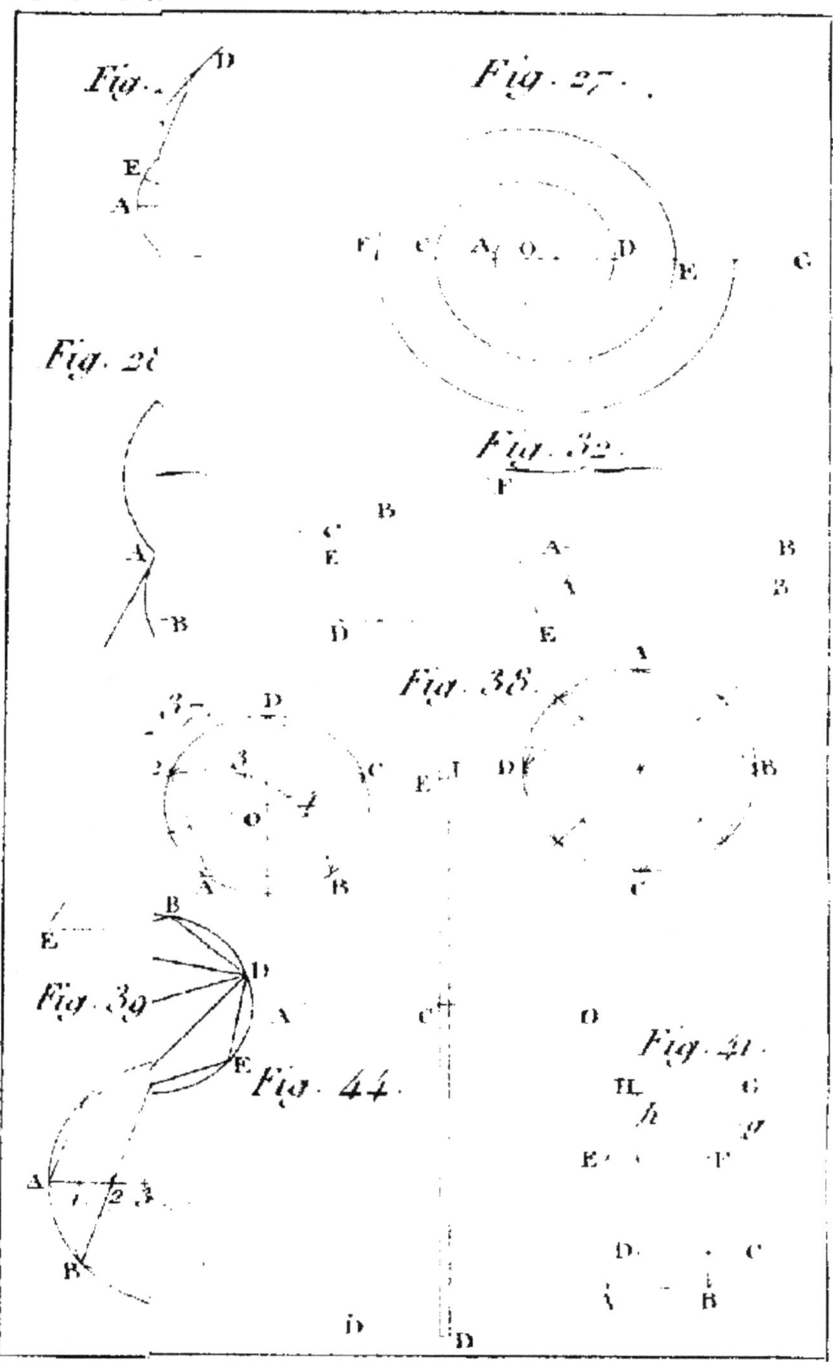

Fig. 26.
Fig. 27.
Fig. 28.
Fig. 32.
Fig. 38.
Fig. 39.
Fig. 44.
Fig. 41.

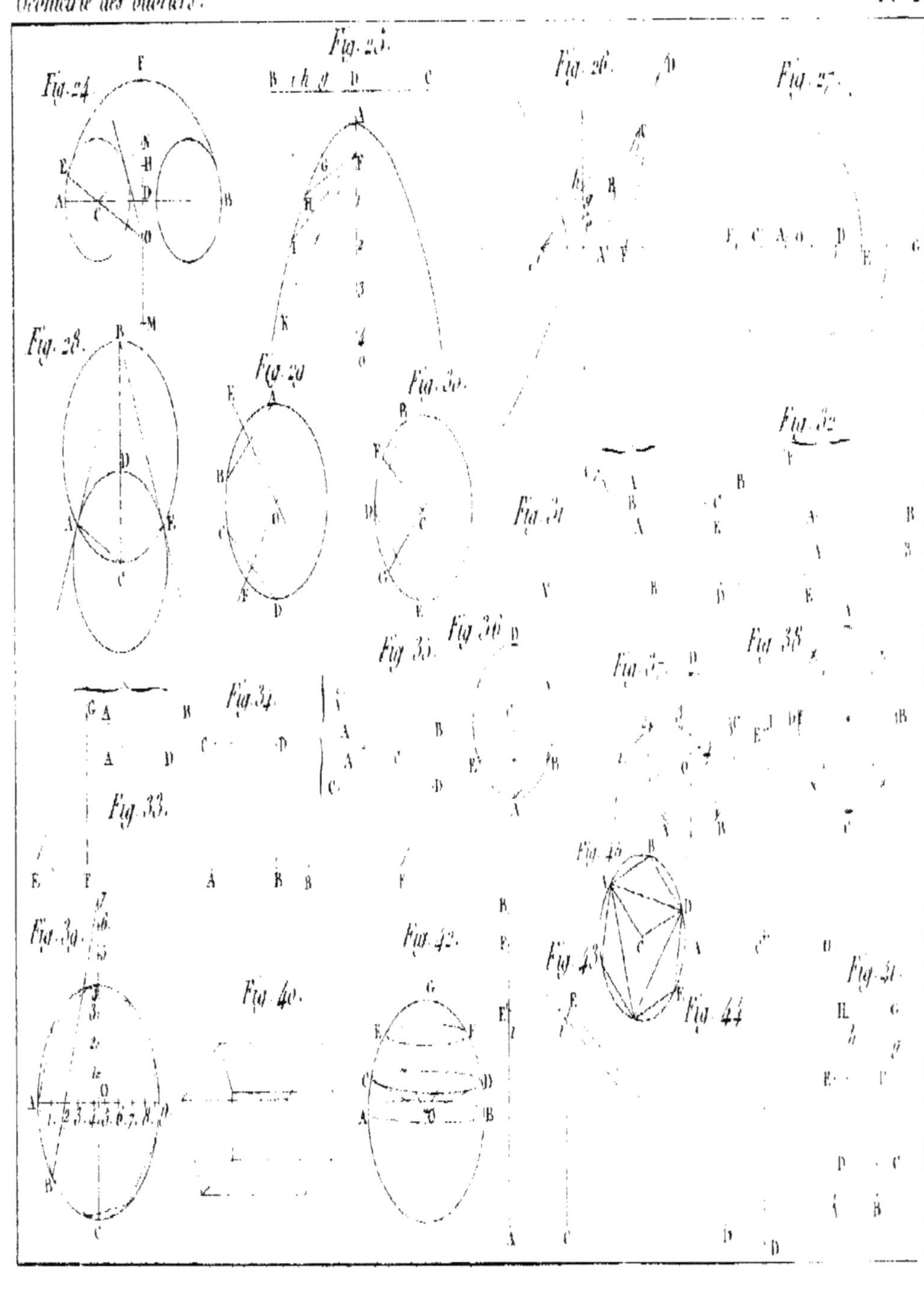

Fig. 24.
Fig. 25.
Fig. 26.
Fig. 27.
Fig. 28.
Fig. 29.
Fig. 30.
Fig. 31.
Fig. 32.
Fig. 33.
Fig. 34.
Fig. 35.
Fig. 36.
Fig. 37.
Fig. 38.
Fig. 39.
Fig. 40.
Fig. 41.
Fig. 42.
Fig. 43.
Fig. 44.
Fig. 45.